新型永磁游标电机设计与分析

张 洋 黄明明 著

黄河水利出版社

·郑州·

内 容 提 要

本书根据多年新型电机设计、研发实践经验,并结合当前电机技术发展新趋势编著而成。在深入研究聚磁式磁齿轮电机和分数槽集中绕组永磁电机的基础上,提出了一种具有高转矩密度的新型聚磁式多齿分裂极集中绕组永磁游标电机,研究了该电机的一般设计方法与原则。本书注重创新实验及项目实践,在深入理论分析的基础上,制造一台功率为 1 kW 的工程样机,并进行了空载和负载实验,结果表明了设计和分析方法的正确性。

本书可为电机设计、使用、维护及相应工程技术人员、技师等阅读用书,也可作为高等院校电机设计及相关专业的教学实践参考书。

图书在版编目(CIP)数据

新型永磁游标电机设计与分析/张洋,黄明明著.
—郑州:黄河水利出版社,2018.10
ISBN 978 - 7 - 5509 - 2194 - 8

Ⅰ.①新… Ⅱ.①张…②黄… Ⅲ.①永磁式电机 -
设计 Ⅳ.①TM351

中国版本图书馆 CIP 数据核字(2018)第 241289 号

组稿编辑:陶金志 电话:0371 - 66025273 E-mail:838739632@qq.com

出 版 社:黄河水利出版社 网址:www.yrcp.com
地址:河南省郑州市顺河路黄委会综合楼 14 层 邮政编码:450003
发行单位:黄河水利出版社
发行部电话:0371 - 66026940、66020550、66028024、66022620(传真)
E-mail:hhslcbs@ 126.com
承印单位:河南新华印刷集团有限公司
开本:787 mm × 1 092 mm 1/16
印张:8.5
字数:150 千字 印数:1—1 000
版次:2018 年 10 月第 1 版 印次:2018 年 10 月第 1 次印刷

定价:39.00 元

前　言

　　永磁游标电机(PMVM)是一种基于磁通调制原理工作的新型低速大转矩直驱永磁同步电机(PMSM),在风力发电、电动汽车等领域具有广阔应用前景,对其拓扑结构、电磁设计与优化以及低速大转矩特性进行深入研究具有重要的理论意义和工程应用价值。

　　本书在深入研究聚磁式磁齿轮(MG)、磁齿轮电机(MGM)和分数槽集中绕组 PMVM 基础上,提出了一种具有高转矩密度的新型聚磁式多齿分裂极集中绕组永磁游标电机(FFMSCW-PMVM),研究了该电机的一般设计方法与原则。分析了具有相同定子齿数的 MSCW-PMVM 与传统 FSCW-PMSM 之间的电磁相似性,提出了 MSCW-PMVM 的"PMSM 源电机"概念,并对源电机不平衡磁拉力(UMP)进行了解析计算,进而分析了电机参数对 UMP 的影响。制造了一台功率为 1 kW 的实验样机,并进行了空载和负载实验,结果表明了设计和分析方法的正确性。此外,针对 MSCW-PMVM 该类电机功率因数不高的缺点,提出了改善措施并进行了仿真验证。本书的主要研究工作与成果包括以下几个方面:

　　首先,综述了 MGM 和 PMVM 的国内外研究现状和进展,阐述了 PMVM 应用于低速直驱领域的优势。其次,从磁场调制的角度出发,将 MG、MGM 和 PMVM 三者磁场调制进行统一表述,并给出了三者之间相互转换时需满足的条件,从族群角度解决了现有关于三者研究多为独立分析或两两对比的不足,并进行了有限元验证。

　　对现有 MG 结构进行了详细的对比和归纳总结,提出了一种 24/19/5 组合(磁通调制极数、外定子永磁体极对数和内转子永磁体极对数分别为 24、19 和 5)混合永磁聚磁式 MG 拓扑,其特征在于内转子和磁通调制极均旋转,对该 MG 进行了参数优化和矩角特性分析。此外,还提出了评价 MG 传动比设计优劣的方法。进行了实验测试,验证了其高转矩密度特性。

　　对于具有相同定子齿数的 MSCW-PMVM 与 FSCW-PMSM,通过对比分析空载磁场分布、绕组连接、感应电动势及齿槽转矩等基本电磁特性,完成了二者电磁相似性分析。提出了 MSCW-PMVM 的"源电机"的概念,从而在设计和分析该类电机电磁性能时可以通过研究其源电机的性能来快速预测。阐述了源电机 UMP 的产生原因,推导了其解析表达式,并与有限元计算结果进行了对比,吻合程度较好。此外,还分析了电机主要参数对 UMP 的影响。

　　基于所设计的 24/19/5 聚磁式 MG,提出、设计并优化了一种 FFMSCW－PMVM。推导了该电机的功率尺寸方程,并进行了参数优化,最终确定了样机的具体尺寸。建立了电机有限元分析模型,进行了热校核。计算了电机的空载磁场分布、气隙磁密、空载永磁磁链、空载感应电动势、绕组电感、齿槽转矩以及电磁转矩等电磁特性。搭建了实验平台,分别进行了空载和负载实验,实验结果验证了理论推导、计算和分析的正确性。

作　者
2018 年 9 月

目　录

第1章 绪 论

1.1 课题背景及选题意义

随着全球经济的迅速增长和社会的不断发展,人类对于能源的需求日益增加,而全球化石资源开采殆尽,由此引发的能源危机矛盾愈发突出[1],已经严重影响到了人类生产生活,制约着整个社会的发展和进步[2]。与此同时,可再生能源因其绿色无污染、可再生循环利用、能够减少温室气体排放等优点而得到各国政府的广泛关注。开发和利用可再生能源,可以从根本上优化能源结构,减少煤炭、石油等化石能源的消耗,缓解能源短缺和环境恶化。发展可再生能源已成为全球多数国家能源发展的重要共识[3],对其开发与利用已成为全球绝大多数国家能源战略的重要内容。

在众多可再生能源中,风能由地球表面空气流动所产生,其受地域限制较小、技术成熟度最高,经济效益也最好,在减排温室气体、应对气候变化等方面有较好表现,越来越受到世界各国的重视。风力发电在可再生能源中技术最为成熟,过去20年里风力发电成本下降了80%,成为发电成本最接近火电的新能源,使得风力发电具备了大规模商业化运作的基础[4]。根据欧洲国家的风能协会预测,风力发电的比例将很有可能超过核电、水电。图1-1为全球风电理事会(Global Wind Energy Council,GWEC)统计出的2000年之后的全球累计风电装机容量。

从图1-1可以看出,2000年全球风电装机容量只有1.74 GW,发展到2015年已达到43.3 GW,全球风电十年间装机容量增大了接近14倍,发展非常迅速。图1-2为相应的2000年之后全球新增风电装机容量。可以看出,截至2015年,全球风电装机容量呈现高速增长态势,并且连续五年保持年增长3 GW,风力发电已成为增长最为迅速的新兴绿色能源[5]。据估计,到2020年底,全球风电总装机容量将增至1 260 GW,届时将占全球年发电总量的10%。

得益于我国政府的大力支持和较好的风电自然资源,我国风电发展速度位居世界前列,"十二五"时期,风电装机容量连续翻番增长,图1-3给出了2000年之后世界各国风电装机总容量及新增装机容量排名。

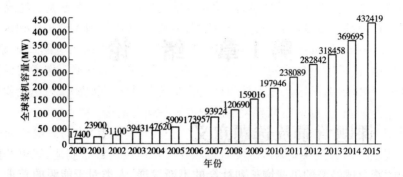

图 1-1 全球累计风电装机容量

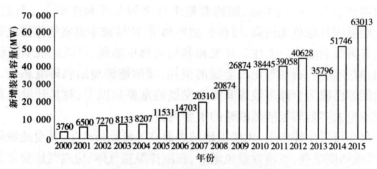

图 1-2 全球新增风电装机容量

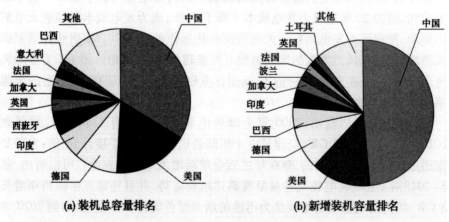

(a) 装机总容量排名　　　　(b) 新增装机容量排名

图 1-3 世界各国风电装机总容量及新增装机容量排名

从图 1-3 可以看出,我国风力发电较为迅速,不管是在风电装机总容量还是在新增装机容量方面,均排在世界首位。但值得注意的是,在全球风电制造业中欧美企业仍占据主导地位,向世界各地输出产品和技术方案已经成为欧美风电产业的主要发展方向,丹麦、德国、西班牙以及美国出现了 Vestas、Siemens、Enercon、Gamesa 和 Repower GE Wind 等一批世界级风电制造企业[6]。近十年来,随着国家政策的支持、企业的不懈努力和广大科研工作者的科技攻关,我国风电设备的国产化水平和自主研发能力得到不断提升,风电企业的竞争力不断增强,已逐渐在世界风电市场占据一席之地[7]。

根据《国民经济和社会发展第十三个五年规划纲要》中对风电产业的阐述和规划,未来几年,我国风电发展重点在于风电系统设备制造、风电并网运营等方面,国家出台了一系列相关政策法规,鼓励和大力发展风电产业。目前,我国已初步形成较好的风电设备制造产业,风电设备制造能力和单机容量快速提高,已形成了较完善的产业体系,为发展大规模风电奠定了良好基础。但是由于我国风电产业起步较晚,风电技术水平与欧美等发达国家相比仍存在较大差距,特别是在数 MW 级风电机组的研发和制造工艺上仍相对落后,先进风电装备自主设计和创新能力有待进一步提高。因此,研究风力发电核心技术,实现完全自主研发、生产大型风力发电机,是国内风电产业急需解决的问题,具有重要的理论意义和工程应用价值。

1.2   磁齿轮电机和永磁游标电机研究现状

发电机作为风力发电系统的核心器件,其电气性能和机械性能直接关系机电能量转换效率以及系统的成本与可靠性。其中,永磁风力发电机以其高功率密度、高效率、较好的电网兼容性和过载能力强等优点,近年被广泛应用于风力发电领域。永磁风力发电机单机容量的不断提升,给电机设计、制造装配带来了许多难题[8];同时,体积过大、重量过重等缺点提升了电机的生产制造、运输和安装成本。因此,在满足其他性能要求的情况下,尽可能提高电机转矩密度是电机设计人员不断追求的目标,电机的发展史在一定程度上可以被认为就是电机转矩密度逐渐增长、体积质量逐渐减小的过程[9]。

在低速大转矩风电场合,采用永磁电机直接驱动可去除齿轮箱,消除由于齿轮传动引起的噪声和故障,提高系统的效率和可靠性。然而采用传统直驱式永磁同步电机(Permanent Magnet Synchronous Machine,PMSM)来实现低速大转矩,电机的槽数、绕组数和永磁极数会很多,导致其体积较为庞大,且转矩密度等指标难以令人满意[10]。新型高转矩密度直驱永磁风力发电机已成为风电领域的热点研究课题,国内外学者围绕高转矩密度永磁风力发电机拓扑结构、工作原理分析及设计方法等内容展开研究,许多新拓扑结构被提出并进行了深入研究,目前已被证实具有较高转矩密度的拓扑结构有定子永磁型磁通切换型电机[11]、横向磁通永磁电机[12]。近年来,为了实现低速大转矩,基于磁齿轮效应的磁齿轮电机(Magnetic - Geared Machine, MGM)[13-18]和永磁游标电机(Permanent Magnet Vernier Machine, PMVM)引起了国内外学者的广泛关注[19,20]。MGM 采用永磁电机和 MG 相复合的方式,将永磁电机引入 MG 结构中,能够提高输出转矩。但是这种复合电机多层气隙的结构给加工制造带来了很大困难,限制了其实际工程应用。而 PMVM 则通过将磁通调制极(Flux Modulation Pole, FMP)直接与 MGM 中定子相连,充当 MGM 中的调磁环,从而起到调制气隙磁导的作用。基于 MG 的场调制原理,将转速较低的转子永磁磁场调制成转速较高的气隙磁场,即实现了所谓的"自增速"效果,定子绕组可按高速旋转磁场来设计,有助于解决大功率低速直驱电机极槽数较多的不足,有利于提高电机的功率密度。相比于 MGM,该类电机结构和制造工艺相对简单[21],单层气隙结构使其完全能运用常规永磁电机的分析、设计和制造方法,且相比于传统永磁电机,其转矩密度有大幅提高[22,23]。本节将主要针对这两种电机,从电机拓扑及其衍生角度对其发展概况进行总结。

1.2.1 磁齿轮电机发展概况

最初 MGM 是由 MG 与 PMSM 通过机械转轴同轴连接而成,两者为相互独立的个体,与传统 PMSM 加机械齿轮箱结构并无区别。与机械式结构相比,MGM 无摩擦损耗,转矩传递效率要明显优于前者。但是,该电机中 MG 只起到转矩变换和传递的作用,其本身并不产生转矩,因而该 MGM 拓扑的转矩密度并不高。

香港大学 K. T. Chau 教授在文献[24]中提出了一种磁齿轮永磁无刷风力发电机,并将其应用在小型离网风光互补发电系统中,电机结构如图 1-4 所示。电机采用将 MG 与永磁无刷电机外转子复合,复合转子外侧部分作为 MG 内转子,内侧部分与内定子构成永磁无刷电机。并在后续研究中制作了样机,实验验证了该电机低速直驱、高转矩特性[13,15,16]。上海大学杜世勤博士和江苏大学刘国海教授也在文献[25]和[26]中分别提出了类似于图 1-4 中拓扑结构的电机。

此外,Chau 教授在文献[27]中还提出了一种应用于波浪发电用 MGM,电机拓扑如图 1-5 所示。建立了该电机的数学模型,并完成了最大功率跟踪控制。

浙江大学王利利博士提出了一种磁场调制型低速永磁电机[18,28,29],电机

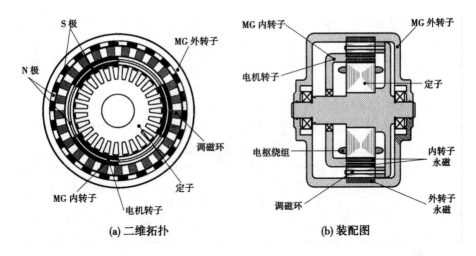

(a) 二维拓扑   (b) 装配图

图 1-4   风力发电用外转子无刷 MGM 结构

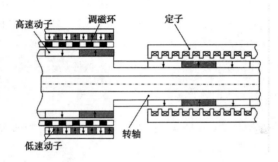

图 1-5   波浪发电用 MGM

拓扑如图 1-6 所示。该电机可通过将磁齿轮的高速永磁转子用绕线定子替代得到。从工作原理上看,该拓扑通过电枢绕组产生高速旋转电枢磁场,与 MG 的高速永磁作用相同。

香港大学刘春华在文献 [30] 中提出了两种不同拓扑结构的双定子 MGM,电机拓扑如图 1-7 所示。对两种结构进行了对比分析研究,指出单调磁环结构 MGM 转矩密度优于多齿结构电机,但转矩脉动和齿槽转矩要明显大于后者,前者的加工难度也大于后者。此外,刘春华还在文献 [31] 中提出了一种磁齿轮记忆电机,电机结构如图 1-8 所示。该电机采用钕铁硼(NdFeB)和钕镍钴(AlNiCo)混合永磁,通过对励磁绕组施加电流,可实现电机在线调磁,从而在实现低速大转矩的同时拓宽了电机的工作范围。此外,该书中还建立了 AlNiCo 永磁平行四边形磁滞模型。

中国科学院深圳先进技术研究院蹇琳妮博士在文献 [32] 中提出了一种

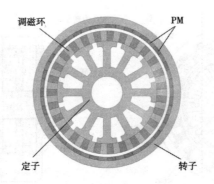

图 1-6　磁场调制型低速永磁电机

MGM 拓扑,该电机显著特征在于采用了"三明治"电枢绕组,如图 1-9 所示。通过将电枢绕组嵌入到调磁环中,调磁环在实现磁场调制的同时充当了定子的角色,与其他 MGM 相比[33],该电机结构较为简单。

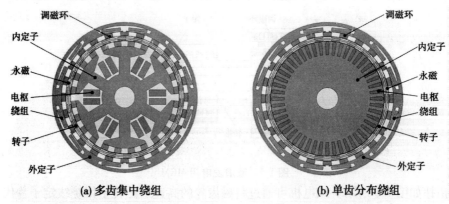

(a) 多齿集中绕组　　　　　　　　　　　(b) 单齿分布绕组

图 1-7　双定子 MGM

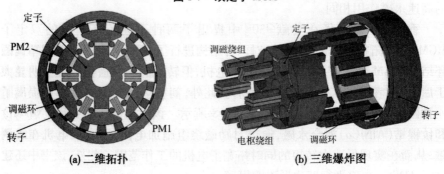

(a) 二维拓扑　　　　　　　　　　　(b) 三维爆炸图

图 1-8　磁齿轮记忆电机

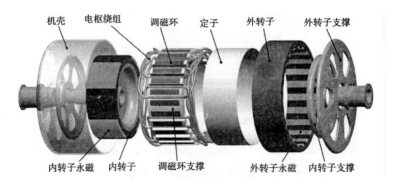

机壳　电枢绕组　调磁环　定子　外转子　外转子支撑

内转子永磁　内转子　调磁环支撑　外转子永磁　内转子支撑

图 1-9　"三明治"绕组 MGM

香港理工大学 S. L. Ho 教授在文献[34]中提出一种永磁无刷 MGM,电机拓扑如图 1-10 所示。采用场路耦合和时步有限元相结合的方法对该电机进行了稳态和暂态分析,计算了电机的电磁特性。此外,Ho 教授在文献[35]提出了一种直驱型表贴式圆筒形直线 MGM,电机拓扑如图 1-11 所示。借助于有限元方法对该电机电磁特性进行了分析计算,结果表明该电机在低转速工作推力仍为原圆筒形直线电机的 4.7 倍。

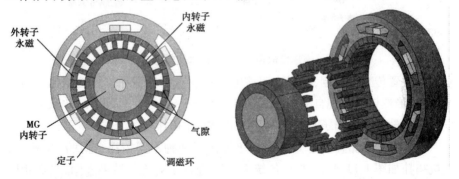

外转子永磁　　内转子永磁

MG内转子　　气隙

定子　　调磁环

图 1-10　永磁无刷 MGM

在此基础上,Ho 教授还提出了一种用于海洋潮汐发电的 Halbach 结构圆筒形直线 MGM[36],电机拓扑如图 1-12 所示。该电机采用了和文献[32]相似的做法,通过将电枢绕组嵌入到调磁环以达到简化电机拓扑结构的目的,同时 Halbach 结构永磁排列使得电机气隙磁场分布正弦度较高,仿真结果表明该电机推力密度远大于传统圆筒形直线电机。兰州理工大学包广清教授也提出了类似图 1-12 中 Halbach 结构圆筒形直线 MGM[37,38]。

东南大学樊英教授于 2012 年提出了一种自启动式轮毂式 MGM[39],电机拓扑如图 1-13 所示。分析了该电机的电磁特性,搭建了实验平台对该电机进

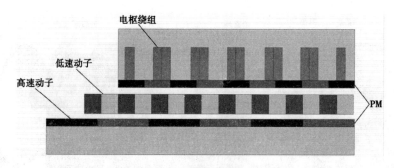

图 1-11　直驱型表贴式圆筒形直线 MGM

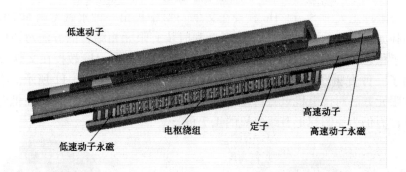

图 1-12　海洋发电用 Halbach 结构圆筒形直线 MGM

行了无位置传感器控制,结果表明该电机在没有齿轮箱和位置检测传感器的情况下,依然可以实现自减速,从而提供稳定转矩输出[40]。此外,北京交通大学刘慧娟教授也提出了类似图 1-13 中的 MGM 拓扑[41,42]。

　　南非斯坦陵布什大学 Gerber 博士提出了两种不同拓扑结构的 MGM[43],电机拓扑如图 1-14 所示,并与传统 PMSM 进行了对比。结果表明,给定相同体积时,前者转矩能力优于后者。Gerber 博士在文献[44]中分析和计算了电机的端部损耗,在文献[45]中对电机拓扑进行了改进,改进后的转矩密度高达 115 kN·m/m³。文献[46-48]也对图 1-14 中 Halbach 结构展开了相应研究和论述。

　　台湾中山大学 C. T. Liu 教授提出了一种风力发电用双转子 MGM[49],电机拓扑如图 1-15 所示。可以看出,该电机调磁环位于双转子中间,采用集中绕组以缩短绕组端部,图 1-4 可认为是该电机的一种特殊形式。制作了 2.5 kW 样机,指出该电机拓扑适用于离网型风力发电系统。采用杯型转子及外部支架结构导致电机加工和组装难度较大,体积较大。此外,Liu 教授还提出

(a) 二维拓扑

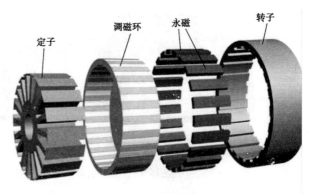

(b) 三维爆炸图

图 1-13 自启动式轮毂式 MGM

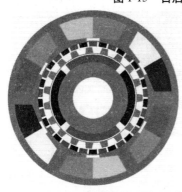

(a) 表贴式

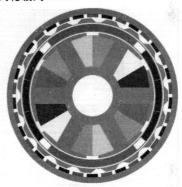

(b) Halbach 结构

图 1-14 新型三层气隙 MGM 拓扑

了一种圆筒直线形 MGM[50]，电机拓扑结构如图 1-16 所示。不难看出，该圆筒直线形电机可由图 1-15 中电机沿径向直线展开得到。采用解析模型和等效磁路相结合的方法对该电机进行了优化设计，实验表明了该方法的有效性。

美国德州农工大学 Toliyat 教授提出并设计一种轴向磁通 MGM[51]，电机拓扑如图 1-17 所示。该拓扑的显著特点是高速转子、调磁环、低速转子同轴排列，实验结果显示电机转矩密度高达 70.8 kN·m/m^3。

英国诺丁汉大学 Mezani 博士提出了一种 MG 感应电机[52]，电机拓扑如图 1-18所示。通过将绕线转子和磁齿轮巧妙结合，实现了高转矩密度驱动。其中二极管整流装置分别连接绕线转子和磁齿轮直流升压绕组，以此来提升转矩，并计算了电机的热场分布。通过矢量控制驱动系统证明了该电机转矩有 15% 的提升，转矩密度达到 70 kN·m/m^3。

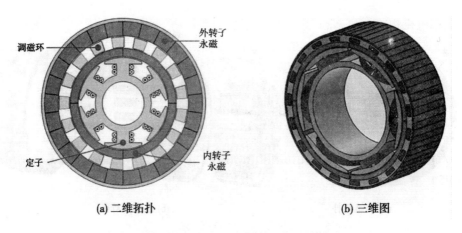

(a) 二维拓扑   (b) 三维图

图 1-15　风力发电用双转子 MGM

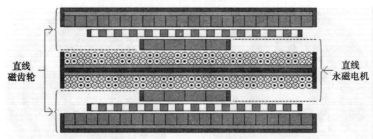

图 1-16　圆筒直线形 MGM

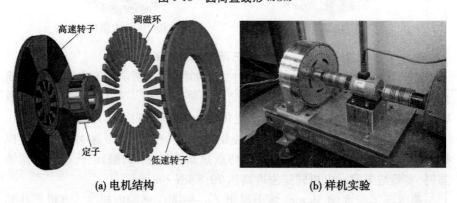

(a) 电机结构   (b) 样机实验

图 1-17　轴向磁通 MGM

  丹麦奥尔堡大学陈哲教授提出了一种聚磁式永磁无刷 MGM[53]，电机拓扑如图 1-19 所示。该电机采用外定子开口槽结构，通过将聚磁式 MG 与永磁无刷电机相结合,实现了低速直驱大转矩特性。

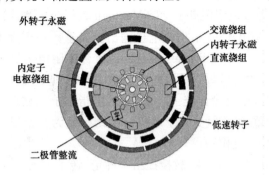

图 1-18　MG 感应电机

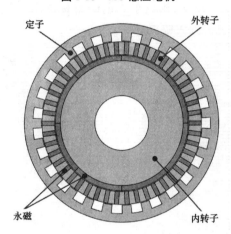

图 1-19　聚磁式永磁无刷 MGM

1.2.2　永磁游标电机发展概况

对于游标电机最早的文献描述可以追溯到 1963 年美国工程师 C. H. Lee 提出的"游标"磁阻电机[54],其结构如图 1-20 所示。与普通的磁阻电机不同,该磁阻电机定子齿距与转子齿距不等,转子很小的位置移动可以带来较大的气隙磁导变化,转子运动过程中,电机的定子齿、转子齿类似于游标卡尺的上下刻度,由此命名为"Vernier Motor",即"游标电机"。游标磁阻电机电枢磁动势转速与气隙磁导转速相同,远大于转子转速,高速的电枢磁场能对低速转子产生恒定转矩。作为一种不等齿距磁阻电机,游标磁阻电机与等齿距磁阻电机相比力矩波动较小,工作时运行平稳,因此在文字传真机、点钞机、工业精细制造等小功率场合得到了应用。

1974 年，英国伦敦帝国理工学院 Mukherji 教授分析并计算了图 1-20 所示游标磁阻电机的输出转矩，指出该电机输出转矩系数介于直流电机和感应电机之间[55]。1977 年，英国 Rhodes 教授针对游标磁阻电机气隙能量存在于定子、转子双槽气隙中导致设计分析较为困难的问题，通过解析计算的方法将游标磁阻电机与同步电机设计统一起来，并首次指出游标磁阻电机的磁饱和现象较其他电机严重[19]。但受限于电机自身结构较为复杂以及当时的加工制造技术，相关研究一度停滞。

1995 年，日本 A. Ishizaki 教授提出一种定、转子上均含有磁钢的 PMVM，其拓扑如图 1-21 所示。通过有限元仿真及样机实验方法，对其工作原理及优化设计进行了研究，结果表明相比于之前的游标磁阻电机，该电机转矩密度高，效率和功率因数也得到大幅提升[56]。

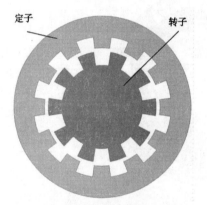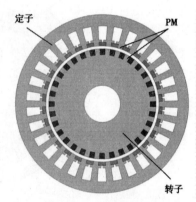

图 1-20　游标磁阻电机　　　　图 1-21　定、转子上均布永磁的 PMVM

1.2.2.1　单齿开口槽永磁游标电机

1999 年，美国威斯康辛大学 T. A. Lipo 教授与 A. Toba 博士提出了如图 1-22 所示的表贴式 PMVM[57]。该拓扑电磁结构与传统电机类似，但定子、转子极数满足磁通调制原理。文章通过解析和有限元方法证明了此电机的转矩密度较高。2000 年，这两位学者设计并制造了一台双定子 PMVM，通过引入气隙磁导函数来分析定子齿槽对磁场的调制作用，从理论上清晰地解释了这种电机的工作机制。同时实验结果显示，该电机转矩密度是传统 PMSM 的近 2 倍[20]。

韩国群山大学 B. Kim 教授和 T. A. Lipo 教授在上述研究基础上，详细推导了该电机工作特性分析表达式[58-60]，并在文献[61]中设计并制造了一台应用于变速场合中的表贴式 PMVM。此外，针对单齿开口槽 PMVM，英国谢菲尔德大学 Z. Q. Zhu 教授和香港大学 K. T. Chau 教授分别采用文献[62]中磁导函数方法来求解电机的电磁特性[63,64]，对其电磁结构设计有着指导性意义。值得注意的是，Zhu 教授在文献中[65]指出了磁通切换型电机、MGM 以及 PMVM 之间的联系，并在此基础上提出了一种磁齿轮式磁通切换电机。

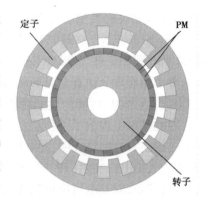

图 1-22　表贴式 PMVM

在径向磁路 PMVM 研究基础上，Lipo 教授和韩国汉阳大学 B. Kwon 教授等提出了一种轴向磁通双定子 PMVM[66,67]，电机拓扑结构如图 1-23 所示，并采用场路结合法和有限元法对电机性能进行了计算。结果表明，该轴向磁通 PMVM 较传统轴向磁通 PMSM 有着更高的转矩密度。此外，文献[68]中提出的交替极轴向单齿开口槽 PMVM 可认为是图 1-22 所示电机结构的一种变形。

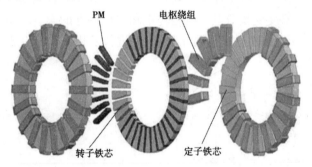

图 1-23　轴向磁通 PMVM

华中科技大学曲荣海教授在文献[69]中指出表贴式 PMVM 与 MGM 具有相同的工作原理，并阐述了如何由后者向前者转换，并在文献[70]中指从理论上对 PMVM、磁通反向电机、开关磁链电机、横向磁通电机进行了论证，指出此类电机可统一称为磁场调制式电机。其在文献[71,72]中分别对单定子开口槽 PMVM 的反电动势和转矩特性进行了研究，指出这类电机反电动势高度正弦，分析了电机参数对平均转矩和转矩脉动的影响。文献[73]中提出了一种交替极外转子 PMVM，转子采用永磁交错间隔布置，可有效减小永磁用量。

文献[74]中将环形绕组引入到上述单齿交替极 PMVM,在减少永磁用量的同时可缩短绕组端部。文献[75]采用精确子域模型分别对分裂齿和表贴式 PMVM 的空载和负载气隙磁密进行计算和分析,进一步解释了 PMVM 的工作原理,并采用有限元仿真对该算法进行了验证。文献[76]通过对 Halbach 结构和双边表贴式 PMVM 的性能对比分析,指出传统表贴式 PMVM 永磁利用率较低,在此基础上提出了一种双定子聚磁式 PMVM,如图 1-24 所示,并制作了 5 kW 样机。实验结果表明,此电机输出转矩高达 2 000 N·m[77,78],其功率因数也有较大提升。文献[79,80]分别对该类单齿开口槽 PMVM 的转矩特性、转矩纹波抑制,以及电机极数和绕组数对电机性能影响进行了相应的分析和计算。此外,通过将直流励磁绕组引入到单齿开口槽 PMVM 定子绕组部分,文献[81]中提出一种直流励磁式永磁游标磁阻电机,并对其功率因数特性进行了研究。

东南大学程明教授在文献[82,83]中提出并设计了一种单定子聚磁式外转子 PMVM[84,85],如图 1-25 所示,通过有限元仿真及样机实验对其工作原理、电磁结构设计方法进行了验证[86]。文献[87]中采用二维场路耦合有限元法对该电机的损耗特性进行了分析计算。针对永磁体内部涡流损耗,分别采用二维、三维有限元法进行了计算和对比。同时研究了不同负载情况下的损耗特性,并探讨了温度变化对电机电磁转矩和损耗特性的影响。文献[88]中对上述文献中所研究电机性能进行了优化,并进行了相关实验验证。

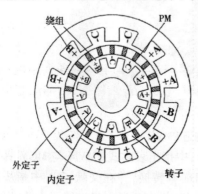 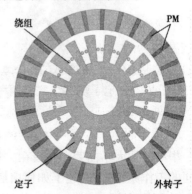

图 1-24　双定子聚磁式 PMVM　　　　图 1-25　单定子聚磁式 PMVM

1.2.2.2　多齿分裂极永磁游标电机

Lipo 教授在文献[89]中首次提出了外定子多齿分裂极 PMVM 结构,指出该多齿结构多见于小型步进电机。在此基础上，K. T. Chau 教授在文献[90]中提出了一种分裂齿结构外转子 PMVM，将传统永磁电机齿靴加厚，通过在齿靴开较深的辅助槽，形成圆周分布的等宽小齿，这些齿充当了 MG 中调磁环的作用，即为磁通调制极（Flux Modulation Poles, FMPs），如图 1-26 所示。该拓扑定子绕组采用集中式绕组，绕组端部较短，该拓扑结构电机转矩密度优于单齿凸极式 PMVM[91]。在多齿分裂极游标电机拓扑基础上，K. T. Chau 教授在文献[92]中提出了一种可变磁通的混合励磁 PMVM，电机拓扑结构如图 1-27 所示，其中励磁绕组和电枢绕组同时布置在定子槽内，通过改变励磁电流达到电机磁通可控的目的，能够增大电机的调速范围。

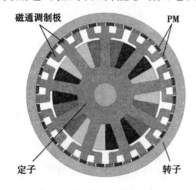

图 1-26　分裂齿结构外转子 PMVM　　图 1-27　可变磁通的混合励磁 PMVM

香港中文大学 G. Xu 在文献[93]中对多齿与单齿 PMVM 进行了性能对比，指出后者转矩脉动小于前者，但后者的绕组端部远大于前者。S. L. Ho 教授在文献[94]中所提出的游标电机基础上的转子凸极 - 磁通调制极永磁型、转子凸极 - 定子轭部永磁型两种 PMVM，电机拓扑如图 1-28 所示，指出转子永磁型 PMVM 在转矩密度、齿槽转矩等方面有较大提升。

日本芝浦工业大学 Shimomura 在文献[95]中对单齿开口槽和多齿分裂极 PMVM 电机性能进行了对比研究，电机拓扑结构如图 1-29 所示，经过计算对比后发现，多齿分裂极结构有助于降低电枢电密，利于散热，可有效降低电机损耗，提高效率。

1.2.2.3　复合结构

1. 双开槽凸极结构

K. T. Chau 教授在文献[96,97]提出了一种外转子双开槽凸极式混合励磁 PMVM，永磁、电枢绕组均在定子上，转子为磁阻式转子结构，如图 1-30 所

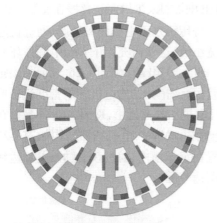
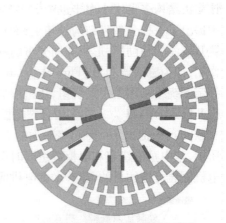

(a) 转子凸极 – 磁通调制极永磁型　　　　　　(b) 转子凸极 – 定子轭部永磁型

图 1-28　新型 PMVM

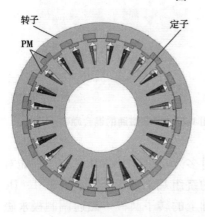
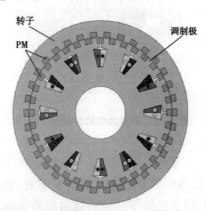

(a) 单齿结构　　　　　　　　　　(b) 多齿分裂极结构

图 1-29　两种永磁交错极 PMVM

示。书中对此结构电机在风力发电和混合动力领域应用做了详细的分析,并制作了样机,结果显示双开槽磁场调制混合励磁电机具有良好的磁场控制性能,在低速启动、高速弱磁和效率控制等方面较永磁电机性能优越。但相比于双开槽永磁电机,双开槽混合励磁电机定子结构更为复杂,同时作为一种串联式混合励磁电机,永磁体两侧磁桥会导致大量漏磁,永磁利用率大大降低。此外,江苏大学朱孝勇教授在文献[98]中也提出了一种双开槽 PMVM,电机拓扑结构如图 1-31 所示。与图 1-30 中电机拓扑相比,此电机除采用了不同的极槽组合、省略了励磁绕组外,两者整体拓扑并无太大区别。

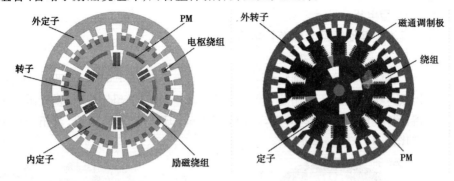

图1-30 外转子双开槽凸极式混合励磁PMVM 图1-31 双开槽PMVM

由以上两种电机拓扑可以看出,双开槽凸极结构PMVM采用定子结构分段式连接,电机结构较为复杂,一方面造成加工费用增加,可靠性降低;另一方面永磁体漏磁较为严重。

2.双转子结构

S. L. Ho教授在文献[99]提出一种双转子环形绕组PMVM,电机拓扑结构如图1-32所示,该拓扑结构利用了环形绕组端部短且基本上不受定子极数影响的特点,将双转子结构与环形绕组相结合,提高了电机内部空间利用率。

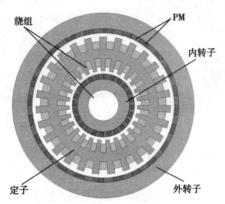

图1-32 双转子环形绕组PMVM

3.双定子结构

S. L. Ho教授在文献[100]中提出一种双定子复合PMVM电机,它可视为内部PMVM与外部PMSM的组合。此外,以定子拓扑分类,Lipo教授和曲荣海教授提出的 PMVM[101,69-72]，均采用双定子单齿分布绕组形式，其本质为同一类型电机。

1.2.2.4　其他类型永磁游标电机

1. 高温超导游标电机

文献[102-104]分别将分裂齿游标永磁、表贴式 PMVM 及双定子拓扑应用于超导电机设计，采用超导绕组或在调制极中放置超导块材，设计了一系列高温超导（High Temperature Superconductor，HTS）PMVM 电机，其拓扑结构分别如图 1-33 ~ 图 1-35 所示。

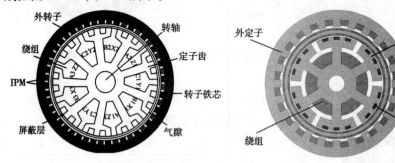

图 1-33　分裂齿高温超导 PMVM　　　　图 1-34　表贴式双定子高温超导 PMVM

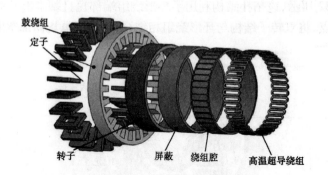

图 1-35　表贴式鼓绕组高温超导 PMVM

2. 永磁游标记忆电机

文献[105]提出了一种"记忆式"PMVM，根据永磁体位置不同分为转子永磁型和定子永磁型两种，电机拓扑如图 1-36 所示。该电机利用铝镍钴永磁材料的高剩磁、低矫顽力特性，通过施加瞬时的充去磁电流脉冲来改变永磁磁化状态，可以实现较高效在线调磁，适用于宽调速电动汽车和舰船推动。此外，江苏大学朱孝勇教授在文献[106]中所提出的用于电动汽车的定子永磁型磁通记忆式 PMVM，与图 1-36 所示电机拓扑结构基本一致。

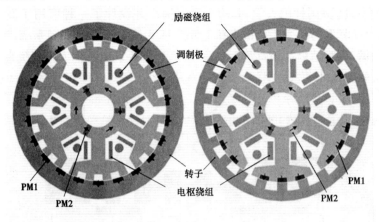

图 1-36　永磁游标记忆电机

3. 容错式游标电机

　　江苏大学刘国海教授引入容错概念，提出了一种五相容错式 PMVM[107]，电机拓扑结构如图 1-37 所示。通过定子电枢齿以及容错齿的不等宽设计，使得电机在提供较大转矩的同时具有极低的互感与自感比值，有效降低了相间耦合，提高了电机的容错能力。此外，文献[108]中提出了多齿 PMVM 电机电枢绕组磁场"虚拟极"概念，指出 PMVM 在每极每相槽数小于 1/2 时具有较好的绕组特性。

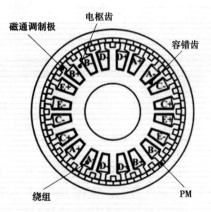

图 1-37　五相容错式 PMVM

4. 直线游标电机

2003 年,英国杜伦大学 Mueller 教授提出并设计了一种应用于波浪发电的混合直线 PMVM[109,110],电机拓扑如图 1-38 所示。对其控制系统进行了设计与测试,实验结果与仿真数据吻合较好,证明了该电机推力较传统直线电机有着明显的提升[111]。

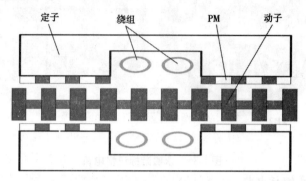

定子　　绕组　　PM　　动子

图 1-38　混合直线 PMVM

程明教授提出了一种电枢绕组与磁钢均在定子上的直线 PMVM[112-114],并试图将其应用于直驱式海浪发电,其拓扑结构如图 1-39 所示。电机次级仅为含有凸极的导磁铁芯,具有结构简单、机械强度大的特点。通过有限元计算及样机实验,对该电机工作原理、设计方法进行了深入分析,证明了其推力密度大的特点。

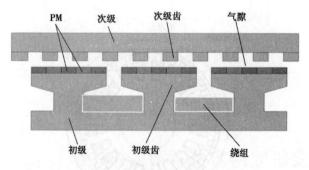

PM　　次级　　次级齿　　气隙

初级　　初级齿　　绕组

图 1-39　初级永磁型直线 PMVM

江苏大学吉敬华教授和赵文祥教授应用 Halbach 永磁阵列提出了一种高推力直线 PMVM,并制造了样机[115]。有限元计算与样机实验结果表明,该类型电机推力密度大,适合于长距离直线运行。K. T. Chau 教授提出了一种波浪发电用多齿分裂极直线 PMVM[116],电机拓扑结构如图 1-40 所示。通过有限元法分析了其推力密度和推力波动,此外还分析了电磁参数对电机性能的影响,并对其系统稳态和暂态性能进行了仿真研究。

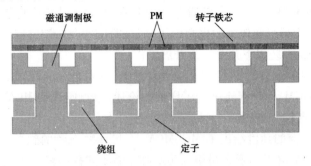

图 1-40　多齿分裂极直线 PMVM

日本芝浦工业大学 Shimomura 教授提出了一种初级、次级铁芯均含永磁的直线 PMVM[117,118],电机拓扑结构如图 1-41 所示。借助于有限元法分析了该结构电机的工作原理及电磁性能,给出了推力脉动理论分析、仿真验证及样机实验结果,验证了理论分析和仿真结果的正确性。

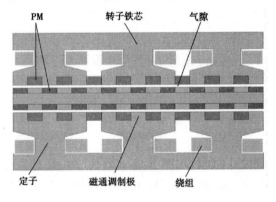

图 1-41　双边永磁直线 PMVM

1.3　主要研究内容及章节安排

1.3.1　主要研究内容

本书以提高永磁直驱风力发电机转矩密度为目标,提出一种具有高转矩密度的新型聚磁式多齿分裂极集中绕组永磁游标电机(FFMSCW – PMVM)拓扑结构,分析并研究此类电机的一般设计方法与原则,在相同定子齿数情况下,探索该类型电机与传统 PMSM 之间的电磁相似性,提出了 MSCW – PMVM 的"PMSM 源电机"的概念。针对电机功率因数不高的缺点,提出了改善方法,为 PMVM 应用于直驱风力发电奠定了一定的理论与技术基础。

本书主要围绕以下几个方面开展工作:

(1)阐述了本书的研究背景及研究意义,针对低速直驱风力发电应用领域,对 MG、MGM 及 PMVM 进行了详细的论述,重点阐述了 MGM 和 PMVM 的国内外研究现状和进展。

(2)从族群的角度给出了 MG、MGM 及 PMVM 三者的磁场调制工作原理统一表述,并给出了三者之间相互转换时需满足的条件。

(3)对现有的 MG 结构进行系统的分析研究、归纳总结,提出了高转矩密度 MG 设计理念和方法。区别于传统 MG 设计时多采用内、外转子旋转,中间调制极固定和内外转子统一永磁材料的方式,本书采用外定子结构,内转子和调制极旋转,内转子和外定子永磁分别采用钕铁硼和 Ferrite 方式,提出了并设计了一种 24/19/5 组合聚磁式 MG,计算了内转子和外定子的聚磁率,并提出了评价 MG 传动比设计优劣的方法。

(4)通过对基于相同定子齿数的分数槽集中绕组 PMSM 和 PMVM 进行电磁特性相似性分析和对比,提出了"PMSM 源电机"的概念,在设计和分析 MSCW – PMVM 性能时可以通过研究其源电机的性能,从而进行性能快速预测。阐述了 PMSM 源电机 UMP 的产生原因,推导了空载状态下多对极径向充磁外转子 PMSM 不平衡磁拉力的解析表达式,并与有限元计算结果进行了对比。

(5)基于对所设计的 24/19/5 组合聚磁式 MG,设计并优化了一种 FFM-SCW – PMVM。在充分借鉴传统 PMSM 设计和优化方法的基础上,推导了电机的主要尺寸关系式。借助于有限元法,对电机进行了热校核,最终确定了样机的尺寸。建立了 FFMSCW – PMVM 的有限元分析模型,对其磁场分布、气隙磁密、空载永磁磁链、空载感应电动势、绕组电感、齿槽转矩,以及电磁转矩等电磁特性进行了分析计算。搭建了实验平台,分别进行了空载和负载实验。

1.3.2　章节安排

第 1 章:绪论。阐述了研究背景及研究意义,详细分析并总结了 MG、MGM 及 PMVM 的国内外研究进展,对所研究的 PMVM 国内外的研究现状和进展进行了分类和总结,提出了本书的研究工作。

第 2 章:MG、MGM 及 PMVM 磁场调制统一表述与转换。从族群角度给出了 MG、MGM 和 PMVM 三者的磁场调制统一表述,并指出了三者之间相互转换时需满足条件,为研究此类电机理论奠定基础。

第 3 章:新型聚磁式 MG 的设计、优化及实验研究。作为本书研究工作的基础,提出并设计了一种 24/19/5 组合聚磁式 MG,计算了内、外转子的聚磁率,对该 MG 进行了参数优化,并提出了评价 MG 传动比设计优劣的方法。进行了实验测试,验证了其高转矩密度特性。

第 4 章:分数槽集中绕组 PMSM 和 PMVM 电磁相似性分析。通过对基于相同定子齿数的分数槽集中绕组 PMSM 和 MSCW - PMVM 进行电磁特性相似性分析和对比,提出了"PMSM 源电机"的概念。阐述了源电机 UMP 的产生原因,推导了空载状态下多对极径向充磁外转子 PMSM 不平衡磁拉力的解析表达式,并与有限元计算结果进行了对比。

第 5 章:FFMSCW - PMVM 设计、优化及实验验证。基于对所设计的 24/19/5 聚磁式 MG,设计并优化了一种 FFMSCW - PMVM。该电机采用 Spoke - array 永磁排列方式,能够带来明显的聚磁效应,增强气隙磁密,定子齿上均布调制极。推导了电机的主要尺寸关系式,借助于有限元法进行了热校核,最终确定了样机的尺寸。对其磁场分布、气隙磁密、空载永磁磁链、空载感应电动势、绕组电感、齿槽转矩,以及电磁转矩等电磁特性进行了分析计算。搭建了实验平台,分别进行了空载和负载实验。

第 6 章:总结本书的主要工作和创新点,并对下一阶段的工作进行展望。

第2章　MG、MGM 及 PMVM 磁场调制统一表述与转换

随着高性能永磁材料的出现和加工工艺的提升,磁齿轮(MG)的应用前景变得广阔,针对新型 MG 的拓扑结构、工作原理和工作特性的研究引起了学术界和工业界越来越多的关注[119]。近年来,涌现出以轴向 MG[120]、聚磁 MG[121]、横向磁通齿轮[122]等为代表的一系列新型 MG 拓扑。与传统表贴式 MG 相比,这些新型 MG 从拓扑结构和工作原理上进行创新,转矩输出能力有一定提升,功率密度和效率等性能也有良好表现。MGM 和 PMVM 均基于磁齿轮效应发展而来,现有关于 MG、MGM 和 PMVM 的研究和分析,基本上是以其中某一个为研究主体或者对某两个进行比较,关于三者之间磁场调制原理的论述和三者之间转换,尚无文献涉及。针对此问题,本书首次提出了三者的磁场调制工作原理统一表述,并给出了三者之间相互转换时需满足的条件。

2.1　磁齿轮及磁齿轮电机

2.1.1　磁齿轮磁通调制原理

2.1.1.1　磁齿轮效应

MG 传动系统以其无接触摩擦、能耗低、噪声振动小、传递转矩能力强、转矩密度高、转矩脉动小,且在转矩传递过程中具有过载保护功能等优点而受到国内外学者关注。英国谢菲尔德大学 D. Howe 教授等在文献[123]中所提出的同心式磁场调制式 MG 主要由三部分构成,如图 2-1 所示,两个旋转部分分别由多磁极的外转子和少磁极的内转子组成,内、外转子永磁均采用径向充磁的方式,调磁环位于内、外转子之间,由高导磁材料和非导磁材料交错组成。内转子、外转子及调磁环三者都可以相对运动。

低速转子转过一个较小角度,高速内转子有着较大角度变化,此现象称为"磁齿轮效应"。在转矩传递过程中所有永磁都参与转矩传递,能够有效提高永磁利用率,研究结果表明,这种新型 MG 具有与机械齿轮相媲美的传动能力[124]。

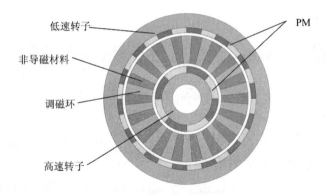

图 2-1　磁场调制式磁力齿轮

磁场调制式 MG 主要由三个部分组成,则在调磁环静止时,主动转子进行旋转,其表面的永磁产生的磁场经过调磁环调制后,在气隙中所形成的空间分布的磁场中的主要次数的谐波与从动转子上的永磁磁场相互作用[125]。假定初始空间相位角为 0,所形成的磁场在半径为 r,空间角度为 θ 处的磁密径向分量 $B_r(r,\theta)$ 以及切向分量 $B_\theta(r,\theta)$ 可分别表示为

$$B_r(r,\theta) = \left[\sum_{m=1,3,5,\cdots} b_{rm}(r) \cdot \cos mp_{MGi}(\theta - \omega_r t)\right] \cdot \left\{\lambda_{r0}(r) + \right.$$
$$\left. \sum_{j=1,2,3,\cdots} \lambda_{rj}(r) \cdot \cos[jn_{MG}(\theta - \omega_s t)]\right\} \tag{2-1}$$

$$B_\theta(r,\theta) = \left[\sum_{m=1,3,5,\cdots} b_{\theta m}(r) \cdot \cos mp_{MGi}(\theta - \omega_r t)\right] \cdot$$
$$\left\{\lambda_{\theta 0}(r) + \sum_{j=1,2,3,\cdots} \lambda_{\theta j}(r) \cdot \cos[jn_{MG}(\theta - \omega_s t)]\right\} \tag{2-2}$$

式中:p_{MGi} 为转子永磁极对数,其中 $i=1$ 表示内转子,$i=2$ 表示外转子;n_{MG} 为调磁块总数;ω_r、ω_s 分别为转子、调磁环的旋转角速度;b_{rm}、$b_{\theta m}$ 分别为无调磁环作用时气隙磁密径向、切向分量傅里叶系数;λ_{r0}、$\lambda_{\theta 0}$ 分别为调磁环结构磁导径向、切向平均值;λ_{rj}、$\lambda_{\theta j}$ 分别为调磁环作用时调磁环导磁铁芯对磁场径向、切向分量调制函数的傅里叶分解系数。

式(2-1)与式(2-2)中第一部分为没有调磁环作用时的磁密分布,第二部分为引入调磁环之后的调制方程,对两式中的三角函数进行化简后,可以写成如下的表达形式:

$$B_r(r,\theta) = \lambda_{r0} \sum_{m=1,3,5,\cdots} b_{rm}(r) \cdot \cos[mp_{MGi}(\theta - \omega_r t)] + \frac{1}{2}\sum_{m=1,3,5,\cdots}\sum_{j=1,2,3,\cdots} \lambda_{rj}(r)b_{rm}(r) \cdot$$
$$\cos[mp_{MGi}(\theta - \omega_r t) + jn_{MG}(\theta - \omega_s t)] + \frac{1}{2}\sum_{m=1,3,5,\cdots}\sum_{j=1,2,3,\cdots} \lambda_{rj}(r)b_{rm}(r) \cdot$$

$$\cos\left[mp_{\text{MG}i}(\theta - \omega_{\text{r}}t) - jn_{\text{MG}}(\theta - \omega_{\text{s}}t)\right] \tag{2-3}$$

$$B_\theta(r,\theta) = \lambda_{\theta0}\sum_{m=1,3,5,\cdots} b_{\theta\text{m}}(r)\sin mp_{\text{MG}i}(\theta - \omega_{\text{r}}t) + \frac{1}{2}\sum_{m=1,3,5,\cdots}\sum_{j=1,2,3,\cdots}\lambda_{\theta j}(r)b_{\theta\text{m}}(r)\cdot$$

$$\sin\left[mp_{\text{MG}i}(\theta - \omega_{\text{r}}t) + jn_{\text{MG}}(\theta - \omega_{\text{s}}t)\right] + \frac{1}{2}\sum_{m=1,3,5,\cdots}\sum_{j=1,2,3,\cdots}\lambda_{\theta j}(r)b_{\theta\text{m}}(r)\cdot$$

$$\sin\left[mp_{\text{MG}i}(\theta - \omega_{\text{r}}t) - jn_{\text{MG}}(\theta - \omega_{\text{s}}t)\right] \tag{2-4}$$

进一步可化简为如下表达式:

$$B_{\text{r}}(r,\theta) = \lambda_{\text{r}0}\sum_{m=1,3,5,\cdots} b_{\text{rm}}(r)\cos mp_{\text{MG}i}(\theta - \omega_{\text{r}}t) + \frac{1}{2}\sum_{m=1,3,5,\cdots}\sum_{j=1,2,3,\cdots}\lambda_{\text{r}j}(r)b_{\text{rm}}(r)\cdot$$

$$\cos\left[(mp_{\text{MG}i} + jn_{\text{MG}})\left(\theta - \frac{mp_{\text{MG}i}\omega_{\text{r}} + jn_{\text{MG}}\omega_{\text{s}}}{mp_{\text{MG}1} + jn_{\text{MG}}}t\right)\right] +$$

$$\frac{1}{2}\sum_{m=1,3,5,\cdots}\sum_{j=1,2,3,\cdots}\lambda_{\text{r}j}(r)b_{\text{rm}}(r)\cdot$$

$$\cos\left[(mp_{\text{MG}i} - jn_{\text{MG}})\left(\theta - \frac{mp_{\text{MG}i}\omega_{\text{r}} - jn_{\text{MG}}\omega_{\text{s}}}{mp_{\text{MG}i} - jn_{\text{MG}}}t\right)\right] \tag{2-5}$$

$$B_{\text{r}}(r,\theta) = \lambda_{\text{r}0}\sum_{m=1,3,5,\cdots} b_{\theta\text{m}}(r)\sin\left[mp_{\text{MG}i}(\theta - \omega_{\text{r}}t)\right] +$$

$$\frac{1}{2}\sum_{m=1,3,5,\cdots}\sum_{j=1,2,3,\cdots}\lambda_{\theta j}(r)b_{\theta\text{m}}(r)\cdot$$

$$\sin\left[(mp_{\text{MG}i} + jn_{\text{MG}})\left(\theta - \frac{mp_{\text{MG}i}\omega_{\text{r}} + jn_{\text{MG}}\omega_{\text{s}}}{mp_{\text{MG}i} + jn_{\text{MG}}}t\right)\right] +$$

$$\frac{1}{2}\sum_{m=1,3,5,\cdots}\sum_{j=1,2,3,\cdots}\lambda_{\theta j}(r)b_{\theta\text{m}}(r)\cdot$$

$$\sin\left[(mp_{\text{MG}i} - jn_{\text{MG}})\left(\theta - \frac{mp_{\text{MG}i}\omega_{\text{r}} - jn_{\text{MG}}\omega_{\text{s}}}{mp_{\text{MG}i} - jn_{\text{MG}}}t\right)\right] \tag{2-6}$$

由式(2-5)以及式(2-6)可以发现,磁密径向、切向分量中余弦函数与正弦函数对应函数内部的参数相同,从谐波分析的角度上来看,式(2-3)与式(2-4)三角函数内空间角度 θ 前的系数表示的是谐波次数,结合两个表达式可知,无论由哪一个永磁转子产生的空间谐波气隙磁密分布,其中所包含的各次谐波磁场的次数 $H_{m,k}$ 可表示如下:

$$H_{m,k} = \left|mp_{\text{MG}i} + kn_{\text{MG}}\right| \tag{2-7}$$

式中,$m = 1$、3、5、$\cdots$,$k = 0$、± 1、± 2、$\cdots$,$k = 0$ 表示未加入调磁环。

2.1.1.2 磁齿轮传动原理分析

由式(2-7)可知,当 $k = 0$ 时,即没有调磁环时,谐波磁场的转速与主动转

子的角速度 ω_r 相等，这类磁场被称为基本谐波磁场；当 $k \neq 0$ 时，即存在调磁环作用时，谐波磁场的转速与主动转子的角速度 ω_r 及调磁环的角速度 ω_s 均有关系，这类磁场被称为调制谐波磁场[126]，即在这种情况下，空间磁场的旋转速度与主动转子的转速不同，这是由于调磁环的引入而导致的。根据机电能量转换定律可以知道，两个磁场如果要进行稳定的能量传递，那么，这两个磁场的磁极对数必须是相同的[127,128]。因此，为了在一个不同的旋转速度传递转矩，另外一个转子上永磁的极对数必须和 $k \neq 0$ 条件下空间谐波磁场的谐波次数保持一致。

式(2-4)中，当选取 $m=1$，$k=-1$ 的组合时所对应的 $H_{1,-1}$ 次调制谐波磁场的幅值为所有调制谐波磁场中幅值最大。对应于 $H_{1,-1}$ 次谐波磁场的次数以及其旋转角速度可表示为如下的形式：

$$H_{1,-1} = \left| p_{\mathrm{MG}i} - n_{\mathrm{MG}} \right| \tag{2-8}$$

$$\omega_{1,-1} = \frac{p_{\mathrm{MG}i}}{p_{\mathrm{MG}i} - n_{\mathrm{MG}}} \omega_r - \frac{n_s}{p_{\mathrm{MG}i} - n_{\mathrm{MG}}} \omega_s = \frac{p_{\mathrm{MG}i}\omega_r - n_{\mathrm{MG}}\omega_s}{p_{\mathrm{MG}i} - n_{\mathrm{MG}}} \tag{2-9}$$

在气隙磁场中，除 $H_{1,-1}$ 次谐波外，还含有一些相对含量很小的其他次数的谐波，它们对平均转矩的影响较小。

由式(2-8)可知，MG 转子与调磁环的旋转速度都会对 $H_{1,-1}$ 次谐波磁场的角速度 $\omega_{1,-1}$ 产生影响，根据 MG 三个不同组件之间相对运动的不同，可以得到该结构 MG 运行的四种方式，分别是调磁环静止、内转子静止、外转子静止以及三个组件之间均有相对运动。

（1）调磁环保持静止，内、外转子分别作为主、从动转子进行变速转矩传递，即 $\omega_s = 0$ 时。

前文已经提到，$H_{1,-1}$ 次调制谐波磁场的幅值为所有调制谐波磁场中最大的，因此对于该结构 MG，外转子的永磁极对数为 $(n_{\mathrm{MG}} - p_{\mathrm{MG1}})$，在磁场调制作用下产生的 $H_{1,-1}$ 次调制谐波磁场与从动转子永磁产生的主磁场相互作用从而产生同步转矩[63]。由之前分析可知，$H_{1,-1}$ 次谐波磁场的旋转角速度为 $p_{\mathrm{MG1}} \cdot \omega_r / (p_{\mathrm{MG1}} - n_{\mathrm{MG}})$，因此在同步转矩的作用下，从动转子也将以同步角速度 $p_{\mathrm{MG1}}\omega_r / (p_{\mathrm{MG1}} - n_{\mathrm{MG}})$ 旋转，这样就实现了主动转子以角速度 ω_r 旋转，从动转子以角速度 $p_{\mathrm{MG1}} \cdot \omega_r / (p_{\mathrm{MG1}} - n_{\mathrm{MG}})$ 旋转的转速变比的功能。因此，当调磁环静止时，该结构 MG 的传动比 ω_r 可以表示为如下的形式：

$$G_r = \frac{\omega_{1,-1}}{\omega_r} = \frac{\dfrac{p_{\mathrm{MG1}}}{p_{\mathrm{MG1}} - n_{\mathrm{MG}}} \omega_r}{\omega_r} = \frac{p_{\mathrm{MG1}}}{p_{\mathrm{MG1}} - n_{\mathrm{MG}}} = -\frac{p_{\mathrm{MG1}}}{n_{\mathrm{MG}} - p_{\mathrm{MG1}}} \tag{2-10}$$

式(2-10)中的负号表征主、从动转子的转动方向相反,这种传动模式下,传动比在数值上为外转子与内转子的永磁极对数之比,可以同时实现反向与变速两种效果。在实际应用中,若将内转子作为输入,外转子作为输出,则可以实现反向的减速效果;若将外转子作为输入,内转子作为输出,则可以实现反向的增速效果。

(2)内转子保持静止,调磁环和外转子分别作为主、从动转子进行转矩传递,即 $\omega_r = 0$ 时。

由式(2-9)可知:

$$\omega_{1,-1} = -\frac{n_{MG}}{p_{MG1} - n_{MG}}\omega_s = \frac{n_{MG}}{n_{MG} - p_{MG1}}\omega_s \tag{2-11}$$

因此,当内转子保持静止时,该结构的 MG 的传动比 G_r 可表示为

$$G_r = \frac{\omega_{1,-1}}{\omega_s} = \frac{\frac{n_{MG}}{n_{MG} - p_{MG1}}\omega_s}{\omega_s} = \frac{n_{MG}}{n_{MG} - p_{MG1}} \tag{2-12}$$

在一般情况下,内转子为高速转子,p_{MG1} 取值较小,调磁块数 m_{MG} 一般大于 p_{MG1} 的取值,所以式(2-12)中的传动比 G_r 将会是一个略大于 1 的常数,即在这种形式的传动中,并没有很显著的变速体现,实际应用价值较低。

(3)外转子保持静止,内转子和调磁环作为主、从动转子进行转矩传递,即 $\omega_{1,-1} = 0$ 时。

由式(2-9)可知:

$$\omega_{1,-1} = \frac{p_{MG1}}{p_{MG1} - n_{MG}}\omega_r - \frac{n_{MG}}{p_{MG1} - n_{MG}}\omega_s \tag{2-13}$$

化简式(2-12)可得外转子静止情况时,该结构的 MG 传动比 G_r 可表示为

$$G_r = \frac{\omega_r}{\omega_s} = \frac{n_{MG}}{p_{MG1}} \tag{2-14}$$

由式(2-10)、式(2-12)与式(2-14)可知,在内转子和调磁环作为主动转子和从动转子的传动模式下,同等条件下可以获得最大的传动比,传动比数值上为调磁块数与内转子永磁极对数之比,并且主动转子和从动转子的转动方向相同;同时,这种传动模式的外转子可以固定在机壳上,其尺寸也将比前两种模式有所减小。

(4)三个组件之间均有相对运动情况下,即 ω_r、ω_s 及 $\omega_{1,-1}$ 均不为 0。

这种传动模式较为复杂,由式(2-9)可知,此时要想得出其中一个组件的转速,需要给出另外两个组件的具体转速数值,而且三个组件均不固定,在实

际应用中也不容易实现,因此这里不做研究。

上述各种情况及总结如表 2-1 所示。

表 2-1 磁齿轮传动分类

分类	参数			
	内转子 (少极永磁)	调磁环	外转子 (多极永磁)	传动比 G_r
1	ω_r	0	ω_s	$-\dfrac{p_{MG1}}{n_s - p_{MG1}}$
2	0	ω_{FMP}	ω_s	$\dfrac{n_s}{n_s - p_{MG1}}$
3	ω_r	ω_{FMP}	0	$\dfrac{n_s}{p_{MG1}}$
4	ω_r	ω_{FMP}	ω_s	—

2.1.2 磁齿轮电机磁通调制

MGM 是在现有 MG 拓扑基础上,通过引入定子和电枢绕组部分与现有 MG 进行组合发展而来。按最终形成的电机绕组形式不同,主要分为分布绕组 MGM 和集中绕组 MGM 两大类。同时,根据气隙层数及定子位置的不同,每一类又可分为三层气隙中间定子、内定子 MGM,双层气隙 MGM 以及单气隙 MGM,具体分类及拓扑分别如图 2-2 ~ 图 2-4 所示。

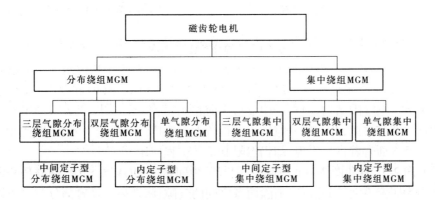

图 2-2 磁齿轮电机分类

从图 2-3(a)和图 2-4(a)可以看出,无论 MGM 绕组采用何种连接方式,都是将 MG 和永磁电机进行结合,永磁电机的外转子和 MG 的内转子共同构成

(a) 三层气隙内定子分布绕组 MGM

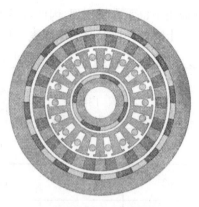

(b) 三层气隙中间定子分布绕组 MGM

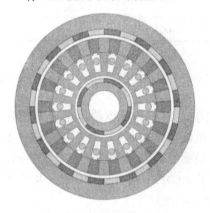

(c) 双层气隙分布绕组 MGM

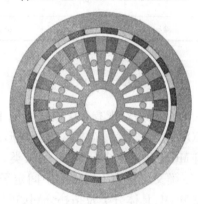

(d) 单气隙分布绕组 MGM

图 2-3　几种分布绕组 MGM

MGM 的杯形转子。当把图 2-3(a)和图 2-4(b)中电机定子从内侧移至紧靠调磁环时,中间杯形转子移至最内侧时,电机结构变为图 2-3(b)和图 2-4(b),电机仍为三层气隙结构,但永磁用量与之前相比则减少了一半,大大节约了永磁用量。即使如此,此三层气隙结构使得该类型电机结构仍较为复杂,即使在输出转矩方面有着良好表现,却仍然限制了其工程应用。

　　图 2-3(b)和图 2-4(b)所示三层气隙中间定子 MGM 结构中,调磁环和定子均为固定不动,因此可以消除两者之间的气隙,将调磁环铁磁部分与定子齿直接相连,变换为双气隙 MGM,如图 2-3(c)和图 2-4(c)所示。当 MGM 中定子电枢绕组极对数与少极高转速内转子永磁极对数相等时,可舍去内部永磁转子,如图 2-3(d)和图 2-4(d)所示。

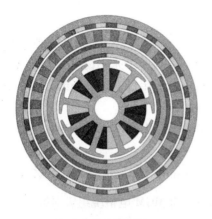

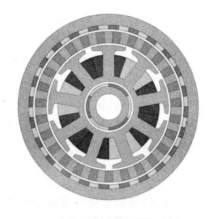

(a) 三层气隙内定子分布绕组 MGM　　　　　(b) 三层气隙内定子分布绕组 MGM

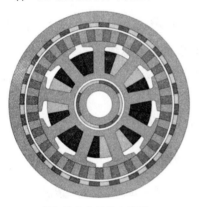

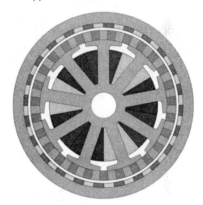

(c) 双层气隙内定子分布绕组 MGM　　　　　(d) 单气隙内定子分布绕组 MGM

图 2-4　　几种集中绕组 MGM

　　为了进一步定量分析 MGM 气隙磁场分布,调磁环对磁场的作用需要用数学表达式来表示。而电机磁路包括调磁环在内主要由铁磁介质和非导磁材料构成,铁磁介质本身具有非线性、饱和等特性。此外,永磁、绕组和调磁环不可避免引入高次磁动势和磁导谐波,致使气隙磁场的分析相当复杂。为了方便推导,做以下假设[129]:

　　(1) 忽略铁磁介质磁阻。

　　(2) 忽略永磁或绕组产生的高次磁动势谐波。

　　(3) 忽略磁导函数中的高次谐波。

　　(4) 以逆时针方向为旋转正方向。

　　(5) 假设初始时刻,MGM 通以三相对称理想正弦电流时将产生一个幅值不变的空间旋转磁场,假定初始角度为0。

MG 调磁环调制的磁场对象分别由内、外转子永磁产生,其产生调制磁场分别在内外气隙中,MGM 和 MG 则有所不同,内、外转子永磁磁场调制与 MG 并无区别,仍可按照式(2-1)~式(2-4)进行分析,而定子电枢磁场部分则有所不同,其定子电枢磁场是"电生磁"过程。

MGM 放入调磁环时,假定此时外转子无永磁,电枢绕组产生的气隙磁场磁动势 $F_{MGM}(r, \theta)$ 可表示为

$$F_{MGM}(r, \theta) = \sum_{n=1,3,5,\cdots} f_{MGM}(r) \cdot \cos[np_{mw}(\theta - \omega_s t)] \qquad (2\text{-}15)$$

式中: $f_{MGM}(r)$ 为定子电枢谐波傅里叶系数; p_{mw} 为 MGM 电枢绕组极对数。

调制极磁导函数为

$$\Lambda_{MGM} = \Lambda_0 + \sum_{j=1,2,3,\cdots}^{\infty} \Lambda_j \cos(jN_{FMPs}\theta) \qquad (2\text{-}16)$$

式中: Λ_j 为第 j 次谐波磁导幅值; N_{FMPs} 为 MGM 调制极总数。

此时,MGM 气隙磁场的磁感应强度径向分量为[130]

$$
\begin{aligned}
B_{rMGM}(r, \theta) &= F_{MGM}\Lambda_{MGM} \\
&= \sum_{j=1,3,5,\cdots} f_{MGM}(r) \cdot \cos[jp_{mw}(\theta - \omega_r t)] \cdot \\
&\quad \left[\Lambda_0 + \sum_{j=1,2,3,\cdots}^{\infty} \Lambda_j \cos(jN_{FMPs}\theta)\right] \\
&= \Lambda_0 \left\{\sum_{n=1,3,5,\cdots} f_{MGM}(r) \cos[np_{mw}(\theta - \omega_r t)] + np_{mw}\theta_{r0}\right\} + \\
&\quad \frac{1}{2}\sum_{n=1,3,5,\cdots}\sum_{j=1,2,3,\cdots} f_{MGM}(r)\Lambda_{MGM}(r) \cdot \cos\left[(np_{mw} + jN_{FMPs})\right. \\
&\quad \left.\left(\theta - \frac{np_{mw}\omega_r + jN_{FMPs}\omega_s}{np_{mr} + jN_{FMPs}}t\right)\right] + \frac{1}{2}\sum_{n=1,3,5,\cdots}\sum_{j=1,2,3,\cdots} \\
&\quad f_{MGM}(r)\Lambda_{MGM}(r) \cdot \cos\left[(np_{mw} - jN_{FMPs})\right. \\
&\quad \left.\left(\theta - \frac{np_{mw}\omega_r - jN_{FMPs}\omega_s}{np_{mw} - jN_{FMPs}}t\right)\right]
\end{aligned}
\qquad (2\text{-}17)
$$

由此可以得到,电枢绕组通电后产生气隙磁场经过调磁环的调制后在外气隙产生的磁场极对数可表示为

$$p_{n,j} = |np_{mw} + jN_{FMPs}| \qquad (2\text{-}18)$$

其中, $n = 1、3、5、\cdots$, $j = 0、\pm1、\pm2\cdots$, $j = 0$ 表示无调磁环。

由式(2-18)可知,当 $j = 0$ 时,表示未加入调磁环,此时电枢绕组在外气隙

产生的磁场的转速与内气隙的转速相同。而当 $j \ne 0$ 时，即存在调磁环时，经过调磁环的调制，气隙磁场的旋转速度发生了变化，即实现了磁场变速。

2.2 永磁游标电机

2.2.1 PMVM 磁通调制

在图 2-3(d)中，当定子齿数与调磁环中的铁磁块数相同时，则可直接拉伸定子齿外径，同时省去非导磁环氧树脂材料。而对于图 2-4(d)中 MGM，首先加厚电机齿靴部分，其次在齿靴开一定深度的槽，形成圆周分布的齿，这些齿充当了 MG 中调磁环的作用[90]，从而形成 PMVM，如图 2-5 所示。

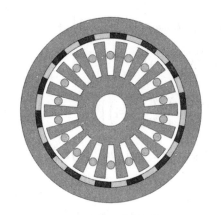
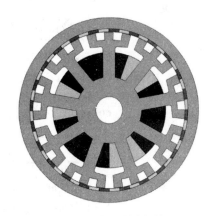

(a) 分布绕组单齿拓扑　　　　　　　　　　**(b) 集中绕组单齿拓扑**

图 2-5　永磁游标电机

由图 2-5(a)可以看出，对于分布式单齿 PMVM，定子齿在导磁的同时充当调磁环中调磁块作用，相邻定子齿间气隙充当非导磁材料。而对于图 2-5(b)中集中式单齿 PMVM，调制极分布在定子齿部，起到磁通调制作用。

在分析 PMVM 磁场调制时，对于相关假设按照 MGM 分析，此处不再重复叙述。外转子永磁体磁场调制与 MG 以及 MGM 并无区别，仍可按照式(2-1)～式(2-4)进行分析，此处亦不再重复。

对于 PMVM 来说，其电枢绕组三相合成磁动势为

$$F_{\text{total}} = \sum_{n=1,3,5,\cdots} f_{\text{PMVM}}(r) \cdot \cos[np_{\text{vw}}(\theta - \omega_{\text{s}}t)] \tag{2-19}$$

式中,$f_{PMVM}(r)$为定子电枢磁动势谐波傅里叶系数;p_{vw}为 PMVM 电枢绕组极对数。

定子齿靴调制极磁导方程可表示为

$$\Lambda_{PMVM} = \Lambda_0 + \sum_{j=1,2,3,\cdots}^{\infty} \Lambda_j \cos(jT_{FMP_s}\theta) \tag{2-20}$$

式中:T_{FMP_s}为 PMVM 调制极数。

这样,由式(2-19)和式(2-20)可知,经过调制极调制后的径向气隙磁密为

$$B_{PMVM}(r,\theta) = F_{PMVM}\Lambda_{PMVM}$$

$$= \sum_{n=1,3,5,\cdots} f_{PMVM}(r) \cdot \cos[np_{vw}(\theta - \omega_s t)] \cdot$$

$$\left[\Lambda_0 + \sum_{j=1,2,3,\cdots}^{\infty} \Lambda_j \cos(jT_{FMPs}\theta)\right]$$

$$= \Lambda_0 \left\{ \sum_{n=1,3,5,\cdots} f_{PMVM}(r)\cos[np_{vw}(\theta - \omega_r t) + jp_{vw}\theta_{r0}]\right\} +$$

$$\frac{1}{2} \sum_{n=1,3,5,\cdots} \sum_{j=1,2,3,\cdots} \cdot f_{PMVM}(r)\Lambda_{MGM}(r) \cdot$$

$$\cos\left[(np_{vw} + jT_{FMPs})\left(\theta - \frac{np_{vw}\omega_r + jT_{FMPs}\omega_s}{np_{vw} + jT_{FMPs}}t\right)\right] +$$

$$\frac{1}{2}\sum_{n=1,3,5,\cdots}\sum_{j=1,2,3,\cdots} f_{PMVM}(r)\Lambda_{MGM}(r) \cdot \cos\left[(np_{vw} - jT_{FMPs})\right.$$

$$\left.\left(\theta - \frac{np_{vw}\omega_r + jT_{FMPs}\omega_s}{np_{vw} - jT_{FMPs}}t\right)\right] \tag{2-21}$$

从式(2-21)可得出 PMVM 电枢磁场气隙磁密分布空间谐波的极对数为

$$P_{m,k} = |np_{vw} + jn_s| \tag{2-22}$$

式中,$n = 1、3、5、\cdots,j = 0、\pm1、\pm2、\cdots$, $n = 0$ 表示无调磁环。

2.2.2 MG、MGM 和 PMVM 磁场调制统一表述

为对 MG、MGM 和 PMVM 磁通调制进行统一表达,式(2-7)、式(2-18)和式(2-22)可统一表示为

$$P_{i,m} = |mp_i + in_x| \tag{2-23}$$

对于式(2-23)有以下结论:

(1)对于 MG,$i = 1$ 表示磁场谐波分量由内转子永磁产生,$i = 2$ 表示磁场谐波分量由外转子永磁产生。$m = 1,3,5,\cdots,n_x = n_s$。

(2)对于 MGM,$i=1$ 表示磁场谐波分量由内转子永磁产生,$i=2$ 表示磁场谐波分量由外转子永磁产生,$i=3$ 表示磁场谐波分量由定子电枢绕组产生。m 为从 -1 开始的正负相隔奇数且不能为 3 的倍数,$m=-1,5,-7,11,\cdots,n_x=N_{FMPs}$。

(3)对于 PMVM,$i=1$ 表示磁场谐波分量由定子电枢绕组产生,$i=2$ 表示磁场谐波分量由外转子永磁产生。m 为从 -1 开始的正负相隔奇数且不能为 3 的倍数,$m=-1$、5、-7、11、$\cdots,n_x=T_{FMPs}$。

由此可以看出,对于 MG、MGM 和 PMVM 来说,有如下结论:

(1)不同磁源以相同转速类似磁场拖动方式运动,此相同转速旋转对于 MG 来说,意味着内、外转子永磁通过调制极的调制作用达到转速相等,而对于 MGM 和 PMVM 来说,则意味着永磁磁场空间含量最大的谐波极对数与电枢绕组空间含量最大的谐波极对数必须转速相等。

(2)对于 MGM 和 PMVM 来说,永磁磁场空间含量最大的谐波与定子电枢绕组某次谐波磁场,以相同转速类似磁场拖动方式产生转矩。在气隙内通过永磁磁场空间含量最大的谐波与电枢绕组空间含量最大的高次谐波共同作用输出转矩,该高次谐波是通过调制作用产生,而并非绕组本身直接产生的。

(3)传统 PMSM 电枢绕组极对数与永磁极对数相等,永磁磁场空间含量最大谐波的极对数就是永磁极对数,MGM 和 PMVM 由于磁场调制作用的存在,其定子电枢绕组极对数(虚拟极对数)与永磁极对数不再相等。

2.2.3　MGM 和 PMVM 转矩提升机制分析

文献[131]中提出了 MGM 和 PMVM 的“三极管转矩放大器”模型,指出该模型中放大增益即为励磁磁场与电枢磁场极对数之比,从而解释了该类电机转矩提升的原因。然而,该文献所提出的判定准则中“为了尽可能增加机械端口的转矩输出,应尽可能增加转矩放大增益”则有待商榷。现有文献及众多研究结果表明大增益(传动比)并非越大越好[132],该增益应有特定范围。针对该问题,本书将在后叙章节中展开相关分析和论述。

2.3　MG、MGM 到 PMVM 的转换

2.3.1　转换过程

文献[133]中指出了 MGM 与 PMVM 均基于“磁齿轮效应”工作原理,并

给出了从单齿分布绕组 MGM 到 PMVM 的转化过程。文献[108]中提出了PMVM 虚拟极对数 p_r 的概念,并指出 PMVM 的电枢绕组空间含量最大的谐波极对数实质上即为 p_r。上述文献均指明了通过结构上改变可以实现从 MG、MGM 到 PMVM 的转换,却没有明确的数学推导,针对此问题,在此给出详细的数学推导及三者转换过程。

对于 MG,内、外永磁极对数与调磁块数存在以下关系:

$$p_{MG2} = n_{MG} \pm p_{MG1} \tag{2-24}$$

式中:p_{MG1}、p_{MG2} 为 MG 内、外转子永磁极对数。

对于 MGM,内、外永磁极对数、调磁块数与定子电枢绕组极对数存在以下关系:

$$p_{MGM2} = N_{FMPs} \pm p_{MGM1} \tag{2-25}$$

$$p_{MGM1} = p_{sw} \tag{2-26}$$

式中:p_{MGM1}、p_{MGM2} 为内、外转子永磁极对数;p_{sw} 为定子电枢绕组极对数。

对于 PMVM,永磁极对数、调制极数与定子电枢绕组极对数存在以下关系:

$$p_{vm} = T_{FMPs} \pm p_{vw} \tag{2-27}$$

$$T_{FMPs} = k_{FMPs} \cdot Z \tag{2-28}$$

式中:p_{vm} 为 PMVM 永磁极对数;T_{FMPs} 为 PMVM 调制极数;p_{vw} 为定子电枢绕组极对数;k_{FMP} 为单个定子齿上调制极数,$k_{FMP} = 1$ 表示为单齿结构,$k_{FMP} = 2$、3、4、…表示为多齿分裂式结构。

因此,当满足以下等式时,可实现三者间的转换:

$$n_{MG} = N_{FMPs} = T_{FMPs} \tag{2-29}$$

$$p_{MG2} = p_{MGM2} = p_{vm} \tag{2-30}$$

当上述两条规则同时满足时,实际上也满足:

$$p_{MG1} = p_{MGM1} = p_{vw} \tag{2-31}$$

下面分别以单齿、多齿分裂式 PMVM 为例,即分别对应分布绕组和集中绕组,验证以上转换规则。

2.3.1.1 单齿 PMVM

给定 MG 内、外转子和调磁块数分别为 4、14 和 18,记为 4/14/18 组合。按式(2-29)和式(2-30)计算结果如表 2-2 所示。

表 2-2　MG、MGM 和单齿分布绕组 PMVM 传动比

参数	内转子/电枢绕组极对数	调制极数	外转子永磁极对数	传动比 G_r
MG	$p_{MG1} = 4$	$n_{MG} = 18$	$p_{MG2} = 14$	3.25
MGM	$p_{MG1} = 4$	$N_{FMPs} = 18$	$p_{MGM2} = 14$	3.25
PMVM	$p_{vm} = 4$	$T_{FMPs} = 18$	$p_{vw} = 14$	3.25

MG 到 MGM、分布绕组 PMVM 的拓扑转换过程如图 2-6 所示。

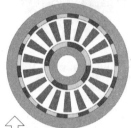
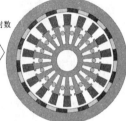
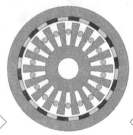

数量关系:
(1) MG外转子永磁体极对数p_{MG2}=MGM转子永磁体极对数 p_{MGM2}
(2) MG调磁块数n_{MG}=MGM调磁环数N_{MFMPs}

操作:
(1)省去MG内转子,以内定子替代;
(2)将MG的调磁环与内定子复合,二者均固定不动。

数量关系:
(1) MG外转子永磁体极对数p_{MG2}=PMVM永磁体极对数p_{vm}
(2) MG调磁块数N_{MG}=PMVM磁通调制极数T_{FMPs}

操作:
(1)省去MG内转子,以内定子替代;
(2)PMVM定子齿设计为开口槽结构,槽内放置分布式绕组,定子齿槽同时实现导磁和磁场调制的功能。

数量关系:
(1) MGM外转子永磁体极对数p_{MG2}=PMVM永磁体极对数p_{vm}
(2) MGM调磁块数N_{FMPs}=PMVM磁通调制极数T_{FMPs}

操作:
MGM定子齿设计为开口槽结构,将调磁环与定子铁芯直接相连,定子齿槽同时实现导磁和磁场调制的功能。

图 2-6　MG 到 MGM、分布绕组 PMVM 的拓扑转换过程

2.3.1.2　多齿分裂式 PMVM

给定 MG 调磁块数,内、外转子永磁体极对数分别为 27、3 和 24。同理,按式(2-29)和式(2-30)计算结果如表 2-3 所示。

表 2-3　MG、MGM 和集中绕组 PMVM 传动比

参数	内转子/电枢绕组极对数	调制极数	外转子极对数	传动比 G_r
MG	$p_{MG1} = 3$	$n_{MG} = 27$	$p_{MG2} = 24$	8
MGM	$p_{MGM1} = 3$	$N_{FMPs} = 27$	$p_{MGM2} = 24$	8
PMVM	$p_{vm} = 3$	$T_{FMPs} = 27$	$p_{vw} = 24$	8

MG 到 MGM、集中绕组 PMVM 的拓扑转换过程如图 2-7 所示,调磁块的整数倍可以被设计为 MGM 的定子齿数,则多个调磁块可以附着在定子齿表面形成辅助齿槽结构,形成的新电机拓扑被称为多齿分裂极 PMVM,可见图 2-6 中的游标结构属于分裂式 PMVM 的特例。

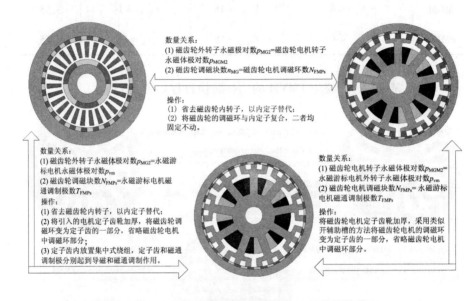

图 2-7 MG 到 MGM、集中绕组 PMVM 的拓扑转换过程

2.3.2 有限元验证

借助于有限元法,按表 2-1 中所示参数,对图 2-1、图 2-4(c)和图 2-5(b)中的 MG、MGM 和 PMVM 气隙磁场进行计算,其相应的气隙径向气隙磁密分布分别如图 2-8 和图 2-9 所示。

由图 2-8 和图 2-9 可以看出,在外气隙磁场中主要包含的谐波极对数为 24,但是未能对磁场调制原理做出清渐表达。为了清晰地理解 PMVM 磁场调制原理,给出只有定子电枢绕组磁场单独作用时径向气隙磁密和对应的空间谐波调制前后分布图,如图 2-10 所示。

由图 2-10 可以看出,调制前后对比除第 24 次谐波外都明显变小,这是因为调制前与调制后磁密取值位置对应的磁导不同,调制前磁密取值位置位于调制极以下齿靴部分,调制后气隙磁密取值为气隙中心处位置,而气隙磁导远小于定子硅钢片磁导。但调制后第 24 次谐波不减反增,则强有力地证明了磁场调制理论的正确性,通过对幅值最大的 3 次基波进行调制,最终得到幅值最大的高次谐波,可与外转子永磁共同作用产生转矩。

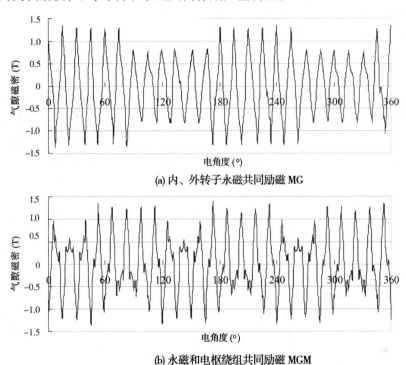

(a) 内、外转子永磁共同励磁 MG

(b) 永磁和电枢绕组共同励磁 MGM

图 2-8　27/24/3 MG 和 MGM 径向气隙磁密分布

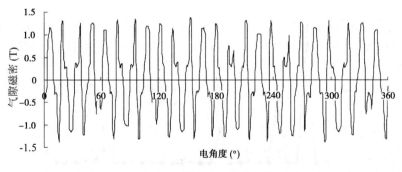

（a）径向气隙磁密分布

图 2-9　永磁体和电枢绕组共同励磁时 27/24/3 PMVM 气隙磁密分布及谐波分析

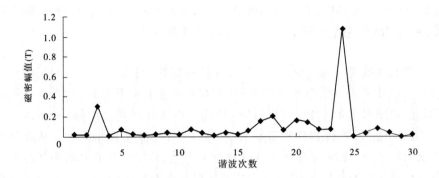

（b）磁密谐波频谱分析

续图 2-9

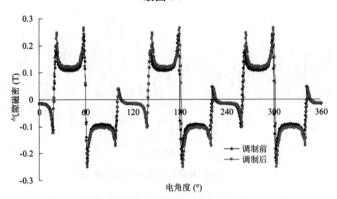

（a）径向气隙磁密分布

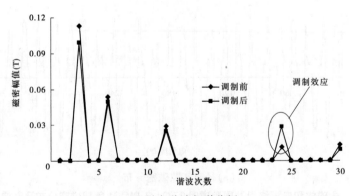

（b）磁密谐波频谱分析

图 2-10　电枢绕组单独励磁时 27/24/3 PMVM 径向气隙磁密分布及谐波分析

2.4　小　结

现有文献关于 MG、MGM 和 PMVM 的研究多为针对其中一种或者两者，多采用以其中某一个为研究主体或者对某两个进行对比分析，并没有从磁场调制的角度将三者工作原理进行统一表述。针对此问题，本节在分析现有不同拓扑结构 MGM 和 PMVM 基础上，对其进行了分类和总结归纳。从族群的角度给出了三者的磁场调制工作原理统一表述，给出了三者之间相互转换时各自需要满足的条件，并借助于有限元法对上述分析进行了验证，丰富了现有磁场调制电机理论，为进一步深入分析 MGM 和 PMVM 奠定了基础。

第 3 章　新型聚磁式 MG 的设计、优化及实验研究

目前,基于磁场调制原理的磁齿轮(MG)作为新型非接触转矩传动的一种形式,能够满足某些特定场合的应用要求,例如海上风力发电等需要高度可靠性并且维护更新设备较为困难的场合。相比于机械齿轮而言,MG 具有高传动效率、无机械摩擦能耗、传动平稳、噪声及振动小等优点,从而能够增加传动系统的稳定性,降低设备维护的次数。MG 技术正被研究替代传统机械齿轮用于各种各样的应用,如牵引、风能和海洋发电应用等[134-136]。

稀土材料,如钕铁硼(NdFeB),由于其良好的磁性能,是永磁材料的首选。然而与传统的发电系统中机械齿轮相比,依靠大量的高性能稀土材料制成的 MG 将大大增加系统的成本[137],限制了其在大规模可再生能源发电系统中广泛应用。本章探索采用较为成本低廉的铁氧体(Ferrite)和高性能钕铁硼相结合方式构成混合永磁 MG,通过聚磁 Spoke-array 拓扑设计来提高转矩密度,从而在满足技术指标同时大幅度缩减成本。

3.1　新型聚磁式 MG 初步设计

3.1.1　聚磁式 MG 拓扑

通常铁氧体因受其自身材料性能影响,对外所能提供的磁能较为有限,所制成的电机磁通密度较低。然而,通过将铁氧体按照特殊的聚磁方式排布,其气隙磁通密度可以大大增加,这种聚磁式排布被称为 Spoke-array 排布[138]。根据这种原理,设计一种采用铁氧体与钕铁硼相结合的新型混合永磁聚磁式 MG。

忽略边缘漏磁,理论上转子的聚磁能力可表示为

$$\frac{B_{gm}}{B_m} = \frac{p_{MG}}{\pi} \tag{3-1}$$

式中:B_{gm} 为气隙磁密;B_m 为永磁体磁密;通常来说,为发挥聚磁效应,p_{MG} 为永

磁体极对数,取值一般大于 $4^{[139]}$。

图 3-1 为所提出的聚磁式 MG 拓扑结构。可以看出,所提出的聚磁式 MG 内转子和外定子均采用 Spoke-array 结构设计,内外转子极对数依次为 $p_{\mathrm{MG1}} = 5$,$p_{\mathrm{MG2}} = 24$,调磁块数 $n_{\mathrm{MG}} = 19$。

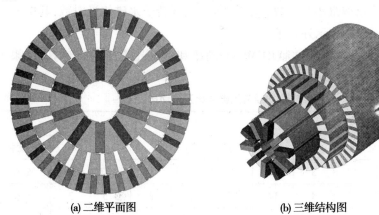

(a) 二维平面图   (b) 三维结构图

图 3-1   新型聚磁式 MG 拓扑

不同于以往传统 MG 内、外永磁筒旋转、中间调磁筒静止的设计,本书提出的 MG 最外层永磁筒静止不动,定义为外定子,可直接与外壳相连,而调磁筒和内层永磁筒旋转,它们分别定义为外转子和内转子。中间旋转的调磁筒部分通过端部底板将磁通调制块固定,类似于异步电机的鼠转子,从而可简化系统连接复杂度。外部定子部分固定不动,即 $\omega_3 = 0$,此时传动比为

$$\Omega_1 = \frac{p_{\mathrm{MG2}}}{p_{\mathrm{MG1}}}\Omega_2 = G_{1n}\Omega_2 \tag{3-2}$$

式中,$G_{1n} = 4.8$。

3.1.2   传动比因子判定法

Gouda 等在文献[140]中指出,MG 的传动比不易设计得过大。文献[141]中指出 MG 传动比取值在 3~8 较合适。但这些研究多采用单独算例计算,并没有相应的理论支撑。文献[142]中定义了 MG 转矩纹波因子,验证了其提出的极对数较优,但并不普适,该方法并未从根本上解释 MG 传动比选取的准则。本书提出一种传动比因子判别法,并利用现有文献中 MG 参数对所

提出方法进行验证,从而为设计 MG 提供参考。

为从理论上解释传动比选取,这里定义传动比因子 G_{fi} 为

$$G_{fi} = \frac{2p_{MGi}n_{MG}}{LCM(2p_{MGi}, n_{MG})} \tag{3-3}$$

式中: LCM 为求取最小公倍数; p_{MGi} 为 MG 内、外转子永磁体极对数,其中 $i = 1$ 表示内转子, $i = 2$ 表示外转子。

采用此方法对现有文献中 MG 传动比和传动比因子进行计算,结果见表 3-1。

表 3-1　MG 常见传动比及传动比因子

文献	参数							
	p_{MG1}	n_{MG}	p_{MG2}	G_{12}	G_{f1}	G_{1n}	G_{f2}	G_f 变化
[133]	3	25	22	−7.33	1	8.33	2	变大
[143]	4	14	10	−2.5	2	3.5	2	不变
[136]	4	17	13	−3.25	1	4.25	1	不变
[128]	4	21	17	−4.25	1	5.25	1	不变
[123] surfaced－PM	4	26	22	−5.5	2	6.5	2	不变
[144] V－shape PM	4	26	22	−5.5	2	6.5	2	不变
[82] spoke－array PM	4	26	22	−5.5	2	6.5	2	不变
[145]	4	27	23	−5.75	1	6.75	1	不变
本书	5	24	19	−3.8	2	4.8	1	变小

由表 3-1 可以看出,当分别保持 MG 内、外转子不动时,改为旋转外转子/内转子和调制极,传动比发生变化,而传动比因子则取决于 MG 参数(永磁极对数、调磁块数)具体取值,有如下结论:

(1)传动比变化前后传动比因子减小,此时 MG 转矩纹波最小,性能最优。

(2)传动比变化前后传动比因子保持不变,且 G_{fi} 均取值为 1,此时 MG 性能也较优; G_{fi} 均取值为 2,此时 MG 性能低于上述两者,较为明显的是齿槽转矩偏大。

(3)传动比变化前后传动比因子变大,此时 MG 矩纹波最大,性能最差。

图 3-2 为本书提出的混合永磁聚磁式 MG 拓扑,该外定子永磁体采用较低磁能的铁氧体,内转子永磁采用钕铁硼,具体参数标注及材料属性性能见表 3-2。

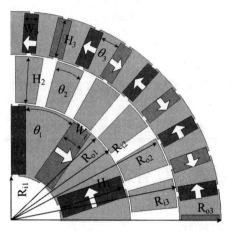

图 3-2　混合永磁聚磁式磁齿轮参数

表 3-2　初步设计尺寸及材料属性

部件/材料属性	名称	数值
外定子	极对数 p_{MG2}	19
	永磁体高度 H_3	12 mm
	永磁体宽度 W_3	6 mm
	内径 R_{i3}	47 mm
	外径 R_{o3}	59 mm
调磁环	调制极数	24
	调制极高度 H_2	6 mm
	调制极宽度 W_2	14 mm
	调制极个数 n_2	17 mm
	两侧气隙厚度 h_{ag}	0.5 mm
	内径 R_{i2}	33.5 mm
	外径 R_{o2}	46.5 mm

部件/材料属性	名称	数值
内转子	极对数 p_{MG1}	5
	永磁体高度 H_1	16 mm
	永磁体宽度 W_1	7 mm
	内径 R_{i1}	13 mm
	外径 R_{o1}	33 mm
Ferrite FB3G	剩磁磁密 B_r	0.42 T
NdFeB N38H	剩磁磁密 B_r	1.20 T
硅钢片 35JN300	电阻率	$5.1 \times 10^{-7} \Omega m$

3.2 新型聚磁式 MG 性能优化

3.2.1 内转子参数优化

3.2.1.1 内转子聚磁因子

假定 R_{i1} 和 R_{o1} 分别为内转子的内、外径,θ_{s1} 为内转子硅钢片宽度,则 W_{s1} 和 H_1 表示为

$$W_{s1} = R_{o1} \theta_{s1} \tag{3-4}$$

$$H_1 = R_{o1} - r_{i1} \tag{3-5}$$

忽略边缘效应,所有磁通流向调磁环,则永磁体和气隙中磁通有如下关系:

$$B_{g1} W_{s1} d = 2 B_{m1} H_{m1} L_s \tag{3-6}$$

式中:B_{g1} 为内转子硅钢片中磁密;B_{m1} 为内转子永磁体磁密;L_s 为有效轴向长度。

内转子聚磁因子 $C_{\varphi 1}$ 定义为

$$C_{\varphi 1} = \frac{B_{g1}}{B_{m1}} = \frac{2}{\theta_{s1}} \left(1 - \frac{R_{i1}}{R_{o1}} \right) \tag{3-7}$$

计算可得内转子聚磁因子 $C_{\varphi 1} = 3.86$。保持永磁总体用量不变,聚磁率较文献[142]中则有所增大,能够带来更高的转矩密度。

3.2.1.2 内转子永磁参数

聚磁式永磁排布有着丰富的谐波,内转子永磁分布为 5 对极,由 MG 工作原理可知,气隙磁密中只有第 5 次分量谐波可产生有效转矩。因此,若尽可能增大 5 次谐波,则原理上 MG 转矩密度会相应增大。利用这个原理对 MG 参数进行分析,下面分别研究内气隙磁密 5 次谐波分量随内转子永磁宽度 W_1

和高度 H_1 变化,具体如图 3-3 所示。可以看出,当内转子永磁宽度 W_1 和高度 H_1 变化时,内转子外侧径向气隙磁密随之变化,具体表现为:气隙磁密峰值分别随 W_1 和 H_1 从 5 mm 和 14 mm 开始增加,当 W_1 = 7.6 mm 和 H_1 = 18.5 mm 时达到最大值,之后随着二者增大,气隙磁密峰值出现下降趋势。

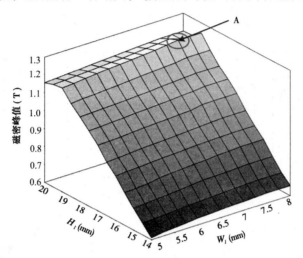

图 3-3　内转子外侧径向气隙磁密峰值随内转子永磁体宽度 W_1 和高度 H_1 变化

3.2.2　调磁环参数优化

3.2.2.1　调磁环径向高度 H_2

保持内转子永磁体宽度 W_1 和高度 H_1 分别为 7.6 mm 和 18.5 mm 不变,调制极宽度 θ_2 初始值固定为 7.5°,调制极径向长度 H_2 从 3 mm 增加到 24 mm,转矩、转矩密度及转矩脉动随 H_2 变化如图 3-4 所示。由图 3-4(a)可以看出,当 H_2 小于 12 mm 时,转矩值随着 H_2 增加较快,当 H_2 = 13.8 mm 时产生最大转矩,但随着 H_2 的增大,外部定子尺寸也要相应地增大,聚磁式 MG 整体外径也随之增大,从而导致此时转矩密度并不为最大。由图 3-4(b)可以看出,当 H_2 小于 6.5 mm 时,MG 转矩密度随着 H_2 增大而增大,当 H_2 = 6.5 mm 时转矩密度达到最大值,之后转矩密度随着 H_2 的增大开始下降。当 H_2 = 6.5 mm 时转矩脉动也较小,由图 3-4(c)可以看出。本课题设计的 MG 理念在于整体转矩密度最大化,故取 H_2 = 6.5 mm。

3.2.2.2　调磁块宽度 θ_2

保持 W_1 = 7.6 mm,H_1 = 18.5 mm 和 H_2 = 6.5 mm 不变,改变调磁块宽度 θ_2,此时转矩、转矩密度和转矩脉动变化如图 3-5 所示。

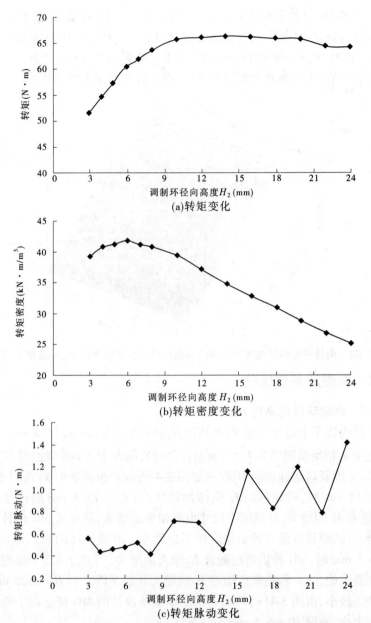

(a)转矩变化

(b)转矩密度变化

(c)转矩脉动变化

图 3-4 转矩、转矩密度和转矩脉动随调磁块径向高度 H_2 变化

由图 3-1 所示聚磁式 MG 结构图可以看出,当 $\theta_2 = 15°$ 时对应相邻调磁块之间无气隙,此时转矩和转矩密度并非极值情况,说明调磁块宽度并非越大效

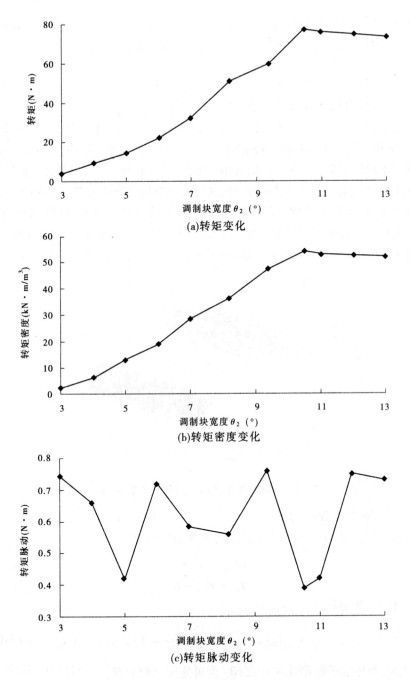

(a)转矩变化

(b)转矩密度变化

(c)转矩脉动变化

图 3-5 聚磁式 MG 转矩、转矩密度、转矩脉动随调磁块宽度 θ_2 变化

果越好。同时,由图3-5可以看出,转矩和转矩密度达到最大值时对应的 $\theta_2 =$ 10.5°,此时的转矩脉动也较小。

3.2.3 外定子参数优化

3.2.3.1 永磁体宽度 W_3 及高度 H_3

基于内、外转子永磁极对数特定数学关系,MG在内外气隙中进行磁场调制,与分析内转子参数相似,分别研究外气隙中径向气隙磁密19次谐波分量随内转子永磁体宽度 W_3 和高度 H_3 变化,具体如图3-6所示。可以看出,即使外定子采用铁氧体永磁,源于聚磁式设计,其磁密峰值仍接近0.62 T。当内转子永磁体宽度 W_3 和高度 H_3 变化时,外侧气隙径向气隙磁密随之变化,具体变现为:气隙磁密峰值随着 W_3 和 H_3 的增加而增大,当 $W_3 = 6.8$ mm 和 $H_3 = 13.8$ mm 时达到最大值,之后随着二者增大,气隙磁密峰值并不继续增大,出现下降趋势。

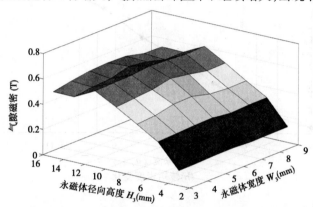

图3-6 外定子径向气隙磁密19次谐波分量随 W_3 和 H_3 变化

3.2.3.2 外定子聚磁因子

外定子轭部宽度和长度分别定义为 W_{s3} 和 H_3,且有

$$W_{s3} = R_{i3}\theta_{s3} \tag{3-8}$$

$$H_3 = R_{o3} - R_{i3} \tag{3-9}$$

外定子聚磁因子可表示为

$$C_{\varphi 3} = \frac{B_{g3}}{B_{m3}} = \frac{2}{\theta_{s3}}\left(\frac{R_{o3}}{R_{i3}} - 1\right) \tag{3-10}$$

式中:B_{g3} 为外定子硅钢片中磁密;B_{m3} 为外定子永磁磁密。

保持 $\theta_3 = 5.68°$ 和 $R_{i3} = 47$ mm 不变,改变 R_{o3} 的值,使其从55 mm增大到

65 mm,转矩、转矩密度以及转矩脉动随外定子外径 R_{o3} 变化如图 3-7 所示。可

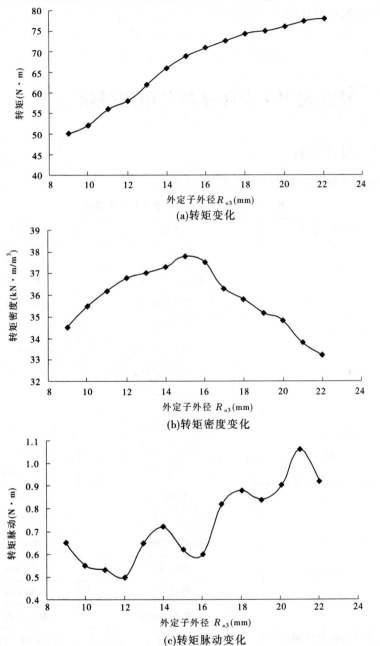

(a)转矩变化

(b)转矩密度变化

(c)转矩脉动变化

图 3-7　转矩、转矩密度以及转矩脉动随外定子外径 R_{o3} 变化

以看出,转矩随着 R_{o3} 的增大而增大,且基本呈现线性变化。转矩密度在 $R_{o3} =$ 13 mm 时取得最大值,与传统采用高性能永磁的表贴式 MG 性能相比差别不大[137],但在可靠性和经济性方面则有较大提升。此外,转矩脉动在 $R_{o3} = 13$ mm 时并不是最优(最小值),但相对于转矩密度较大的增加,是可以接受的。

3.3　聚磁式 MG 设计参数及电磁性能计算

3.3.1　设计参数

聚磁式 MG 最终设计参数如表3-3 所示。

表 3-3　新型聚磁式 MG 优化后最终参数

部件/材料属性	名称	数值
外定子	极对数 p_{MG2}	19
	永磁体厚度 L_3	13. 8 mm
	永磁体宽度 W_3	6. 8 mm
	内径 R_{i3}	41 mm
	外径 R_{o3}	56 mm
	FerriteHitachi N. MF – 12	$B_r = 0. 46$ T
调磁环	调制极个数 n_2	24
	调制极厚度 L_2	6 mm
	调制极宽度 W_2	14 mm
	两侧气隙厚度 h_{ag}	0. 5 mm
内转子	极对数 p_{MG1}	19
	永磁体厚度 L_1	18. 5 mm
	永磁体宽度 W_1	7. 6 mm
	内径 R_{i1}	13 mm
	外径 R_{o1}	34 mm
	NdFeB N40H	$B_r = 1. 25$ T
硅钢片 JFK 35JN300	电阻率	$5. 1 \times 10^{-7}$ $\Omega \cdot$ m
轴向长度	L_s	80 mm

3.3.2 电磁性能计算及测试

图 3-8 为聚磁式混合永磁 MG 磁场分布。

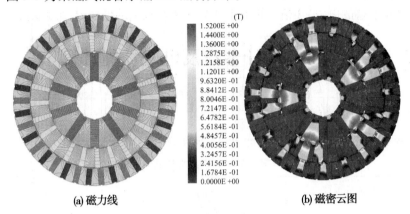

(a) 磁力线　　　　　　　　　(b) 磁密云图

图 3-8　聚磁式混合永磁 MG 磁场分布

从图 3-8 中可以看出,外定子和内转子硅钢片磁密值较高,但并未出现硅钢片严重饱和。内、外气隙磁场中的主要谐波次数与内转子和外定子上永磁体极对数对应相等,当内转子 N 极与谐波磁场 S 极对应的时候,MG 将处于静止的状态,此时传递的力矩值为 0,处于平衡位置,此时旋转内转子和调磁环,即可以得到该 MG 的矩角特性曲线。调磁环和内转子转矩随角度变化如图 3-9 所示。

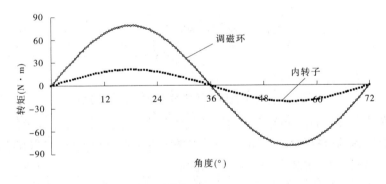

图 3-9　矩角特性

由图 3-9 可以看出,MG 的内转子和调磁环转矩的大小均随着内转子和调磁环相对位置变化而变化,并且其波形为正弦波,此时转矩密度为 78.6 kN·m/m³。

对应的外、内侧气隙中径向磁密及相应谐波分布如图 3-10 和图 3-11 所示。

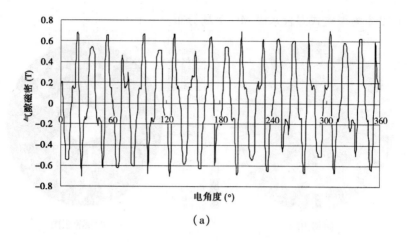

（a）

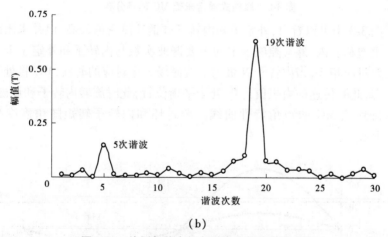

（b）

图 3-10　外侧气隙中径向磁密和相应谐波分析

在图 3-11（a）中,360°范围内转子气隙磁密为 5 个周期,且峰值接近 1.4 T,具有明显的聚磁效应。此时对应的气隙磁密谐波分布如图 3-11（b）所示,5 次谐波幅值最大,次之为 19 次谐波幅值。

基于表 3-4 中参数,制作了一台 24/19/5 聚磁式 MG,并搭建了实验平台,如图 3-12 所示。

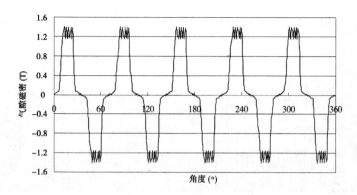

（a）气隙磁密

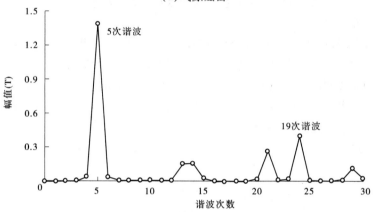

（b）谐波分解

图 3-11　内侧气隙中径向磁密和相应谐波分析

表 3-4　MG 转矩密度对比

文献	参数					
	永磁材料	永磁排列方式	外径 （mm）	轴向长度 （mm）	转矩 （N·m）	转矩密度 （kN·m/m³）
［133］	钕铁硼	表贴－交替极	110	36	73	53.3
［143］	钕铁硼	表贴	45	26	4.87	31.4
［136］	铁氧体	Spoke-array	55	76.2	58.5	43.5
［128］	钕铁硼	Halbach	140	40	155.8	108.2
［123］［145］	钕铁硼	表贴	140	50	92	82
［146］	钕铁硼	V-shape	60	26	12.3	41.8
［82］	钕铁硼	Spoke-array	74	100	168.7	57.1
本书	铁氧体钕铁硼	Spoke-array	56	78	66.8	62.9

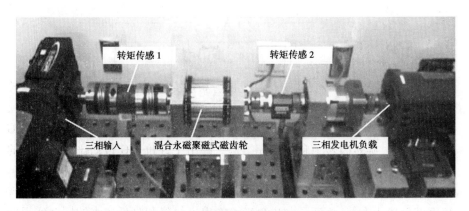

图 3-12   混合永磁聚磁式磁齿轮及实验测试平台

由图 3-13 可以看出,调磁环转矩输出只有理论值的 92%,出现这一结果主要归结为两方面原因:两端端环有漏磁现象;实际装配的外定子铁氧体永磁磁能积小于其理论值。内转子转矩达到理论计算值的 95%,误差较小,所设计混合永磁聚磁式 MG 实测转矩密度达到 62.9 kN·m/m³。与现有代表性 MG 转矩密度对比如表 3-4 所示。

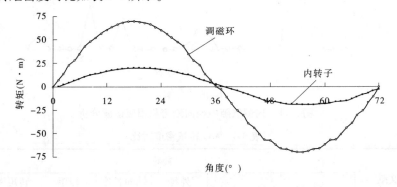

图 3-13   聚磁式 MG 实测矩角特性

由表 3-4 可以看出,尽管本书所设计 MG 中外转子采用铁氧体低性能永磁,但是通过拓扑结构改变以及聚磁设计等措施,仍取得了较高的转矩密度,在减少高性能永磁材料使用的同时,转矩传递性能也达到设计要求,整体成本大大降低,对于工程实际应用有着重要意义。

3.4 小 结

本章对现有的 MG 结构进行系统的分析研究、归纳和总结,提出一种高转矩密度聚磁式混合永磁 MG。区别于传统 MG 设计时多采用内外转子旋转、中间调磁环固定和内外转子统一永磁材料的方式,本书所提出的聚磁式 MG 采用外定子、旋转内转子和调磁环结构。提出了评价 MG 传动比设计优劣的传动比因子法。对所提出的聚磁式 MG 进行了优化设计,并进行了实验测试,结果表明尽管外定子采用磁能性能较低的铁氧体,但聚磁式设计使得 MG 转矩密度仍然非常高,达到了在节约高性能永磁材料和降低成本的同时实现较高转矩传递性能的目的。

第4章 分数槽集中绕组 PMSM 与 PMVM 电磁相似性分析

众多研究表明,采用分数槽集中绕组的多齿分裂极 PMVM 可以有效缩短电机绕组端部,从而减小电机损耗[90,91,99,100],这对于提升电机效率是有益的。通过第 2 章中 FSCW – PMSM 到多齿分裂极集中绕组 PMVM(MSCW – PMVM)转换的分析,可以看出对于具有相同定子齿数的两种电机,二者之间存在一定的联系。那么在设计 MSCW – PMVM 这一类电机时,是否可以通过对所熟知的传统 FSCW – PMSM 电磁性能对其进行性能预测,这值得深入研究。本章通过研究基于相同槽数的 FSCW – PMSM 和 MSCW – PMVM 进行电磁特性相似性分析和对比,提出了"PMSM 源电机"的概念,从而为快速预测所派生的 PMVM 性能提供了参考。阐述了源电机产生不平衡磁拉力(UMP)的原因,推导了多对极径向充磁源电机空载状态下 UMP 的解析表达式,采用有限元法对该计算结果进行了验证,此外还分析了电机参数对 UMP 的影响。

4.1 相同定子齿数的 FSCW – PMVM 与 MSCW – PMSM 电磁相似性分析

4.1.1 相同定子齿数的 FSCW – PMSM 到 MSCW – PMVM 的转化

对于传统 PMSM,其电磁转矩由永磁体产生的磁场和电枢磁场中基波分量以相同转速共同作用产生。因此,永磁体极对数 p_m 和电枢绕组极对数 p_{sw} 满足:

$$p_m = p_{sw} \tag{4-1}$$

然而,对于 PMVM,由于磁场调制效应的存在,通过对定子电枢绕组产生的低级对数高速磁场进行调制,在气隙内产生与永磁体相同极对数的高极对数低速谐波磁场,与永磁体所产生的磁场共同作用产生转矩。PMVM 中永磁体极对数 p_{vm} 和电枢绕组极对数 p_{vw} 不再满足表达式(4-1),而是存在以下关系:

$$p_{vw} = T_{FMP_s} - p_{vm} \tag{4-2}$$

因此,由式(4-1)和式(4-2)之间的数量关系以及第 2 章中从 MG 到 PM-VM 的演化,可以看出,当满足以下两个条件时,FSCW – PMSM 可以变换到 MSCW – PMVM。

(1)变换前后,两电机定子电枢绕组极对数不变,即满足:

$$p_{sw} = p_{vw} \tag{4-3}$$

(2)变换前后,PMSM 定子齿数 N_s 与 PMVM 调制极总数满足以下关系:

$$T_{NFMPs} = k_{FMPs} \cdot N_s \tag{4-4}$$

式中:k_{FMPs} 为每个定子齿上调制极数,且 $k_{FMP} = 2,3,4,\cdots$;N_s 为定子齿数。

对于传统 6 槽/4 极、6 槽/8 极、9 槽/6 极、9 槽/8 极、9 槽/10 极、12 槽/8 极、12 槽/10 极、12 槽/14 极等 FSCW – PMSM 来说,其派生出的 MSCW – PM-VM 组合如表4-1 所示。

表 4-1 FSCW – PMSM 源电机以及派生的 MSCW – PMVM

FSCW – PMSM 源电机							
	6 槽/4 极		6 槽/8 极		9 槽/6 极		9 槽/8 极	
参数	N_s	p_{sm}	N_s	p_{sm}	N_s	p_{sm}	N_s	p_{sm}
	6	2	6	4	9	3	9	4
派生的 MSCW – PMVM							
k_{FMPs}	T_{FMPs}	p_{vm}	T_{FMPs}	p_{vm}	T_{FMPs}	p_{vm}	T_{FMPs}	p_{vm}
2	12	10	12	8	18	15	18	14
3	18	16	18	14	27	24	27	23
4	24	22	24	20	36	33	36	32
…	…	…	…	…	…	…	…	…

FSCW – PMSM 源电机							
	9 槽/10 极		12 槽/8 极		12 槽/10 极		12 槽/14 极	
参数	N_s	p_{sm}	N_s	p_{sm}	N_s	p_{sm}	N_s	p_{sm}
	9	5	12	4	12	5	12	7
派生的 MSCW – PMVM							
k_{FMPs}	T_{FMPs}	p_{vm}	T_{FMPs}	p_{vm}	T_{FMPs}	p_{vm}	T_{FMPs}	p_{vm}
2	18	13	24	20	24	19	24	17
3	27	22	36	32	36	24	36	29
4	36	31	48	44	48	33	48	41
…	…	…	…	…	…	…	…	…

从表 4-1 可以看出,每一个 MSCW - PMSM 均可派生出多组具有相同电枢绕组极对数的 PMVM,因此将最初的 FSCW - PMSM 电机称为 MSCW - PM-VM 的"源电机"。

当给出 PMVM 的调制极总数和定子绕组极对数时,潜在的极槽数组合可由式(4-5)和式(4-6)计算可得。并且变换前后定子齿数不变,即确定了 N_s,此时即可找出唯一的"PMSM 源电机"。以 $T_{FMPs} = 18$ 和 $P_{vw} = 4$ 为例,此时潜在的可能组合为 6 槽/8 极和 9 槽/8 极,分别对应 $k_{FMPs} = 2$ 和 $k_{FMPs} = 3$。事实上,一旦给出定子齿数 N_s 的值,则能确定唯一的 PMSM 源电机。

$$\frac{N_s}{p_m} = \frac{T_{FMPs}}{p_{vw}} = \frac{Q_0}{p_0} = t \tag{4-5}$$

$$MOD(Q_0/3) = 0 \tag{4-6}$$

式中:t 为定子槽数和永磁体极对数的最大公约数,即 $t = GCD(N_s, p_m)$;Q_0 为单元电机槽数;p_0 为单元电机极对数;MOD 为取余操作。

4.1.2 电磁相似性分析

若 FSCW - PMSM 和派生的 MSCW - PMVM 之间电磁特性一致,那么在进行 MSCW - PMVM 初始设计时,除考虑适当的传动比 G_r 外,其极槽数的选取以及电机性能初步估计均可以参照其 FSCW - PMSM 源电机,并可通过对比不同极槽组合的源电机性能来选取合适的电机极槽数。

用于对比分析的 FSCW - PMSM 和 FSCW - PMVM 拓扑结构分别如图 4-1 和图 4-2 所示。

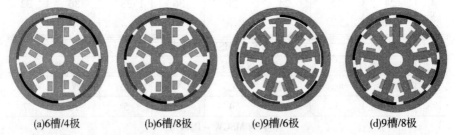

(a)6槽/4极　　　　(b)6槽/8极　　　　(c)9槽/6极　　　　(d)9槽/8极

图 4-1　不同极槽组合 FSCW - PMSM 电机

当 k_{FMPs} 分别为 2 和 3 时。图 4-2(c)、(f)分别对应图 4-1(c)和(d),为比较二者电磁相似性,需满足以下条件:

(1)横向对比,所有同类型电机主要尺寸,如定子、转子外径和内径等相等。

(2)横向对比,所有同类型电机绕组匝数相等。

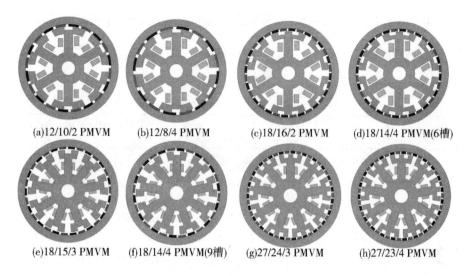

(a)12/10/2 PMVM　　(b)12/8/4 PMVM　　(c)18/16/2 PMVM　　(d)18/14/4 PMVM(6槽)

(e)18/15/3 PMVM　　(f)18/14/4 PMVM(9槽)　　(g)27/24/3 PMVM　　(h)27/23/4 PMVM

图 4-2　不同极槽组合 PMVM 电机

（3）同类型电机电流密度设置相等。

（4）所有电机总的永磁用量相等。

用于比较的不同极槽组合 PMSM 参数如表 4-2 所示。

表 4-2　不同极槽组合 PMSM 参数

参数	极槽组合			
	9 槽/6 极	9 槽/8 极	18/15/3	18/14/4
转子外径（mm）	108	108	108	108
转子内径（mm）	100	100	100	100
定子外径（mm）	99.5	99.5	99.5	99.5
定子内径（mm）	22	22	22	22
永磁体厚度（mm）	5	5	5	5
气隙长度（mm）	0.5	0.5	0.5	0.5
轴向长度（mm）	60	60	60	60
永磁体极对数	3	4	15	14
永磁用量（cm³）	193.1	193.1	193.1	193.1
永磁材料	钕铁硼	钕铁硼	钕铁硼	钕铁硼

4.1.2.1　空间磁场分布

图 4-3 和图 4-4 分别给出了三种不同极槽组合（6 槽/4 极、9 槽/6 极和 9

槽/8 极)的 FSCW – PMSM 和由它们派生出的 MSCW – PMVM 空载磁场分布。

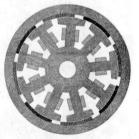

(a)6槽/4极 PMSM　　　　(b)9槽/6极 PMSM　　　　(c)9槽/8极 PMSM

图 4-3　三种不同极槽组合的 FSCW – PMSM 空间磁场分布

从图 4-3 和图 4-4 可以看出,对于 FSCW – PMSM 和派生出的 MSCW – PMVM 空间磁场分布来说,二者的磁力线走势及空间磁场极对数完全一致。

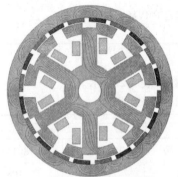

(a)6槽/4极 PMSM派生：12/10/2 PMVM和18/16/2 PMVM

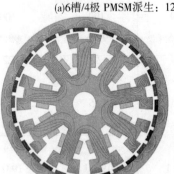

(b)9槽/6极 PMSM派生：18/15/3 PMVM和27/24/3 PMVM

图 4-4　派生出的 MSCW – PMVM 空间磁场分布

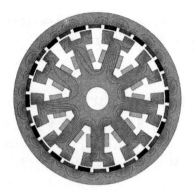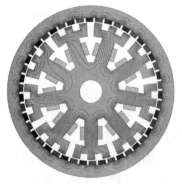

(c)9槽/8极 PMSM派生：18/14/4 PMVM和27/23/4 PMVM

续图4-4

4.1.2.2 绕组连接对比

由图4-1和图4-2可以看出，FSCW－PMSM和与之派生的MSCW－PM-VM定子齿数相同，四组不同的FSCW－PMSM和由其派生的MSCW－PMVM绕组连接星槽图如图4-5所示，其中内圆代表PMSM绕组连接，外圆代表PM-

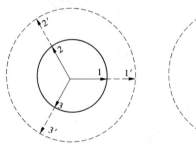

(a)6槽/4极PMSM和12/10/2 PMVM   (b)6槽/8极PMSM和12/8/4 PMVM

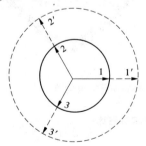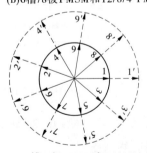

(c)9槽/6极PMSM和18/15/3 PMVM   (d)9槽/8极PMSM和18/14/4 PMVM

图4-5   不同极槽数 FSCW－PMSM 和派生的 MSCW－PMVM 绕组连接星槽图

VM 绕组连接。可以看出，它们的星槽图完全一致，这一点从两者的拓扑结构上可以看出，绕组连接与调制极数目并没有关系，只与电机拓扑结构和极槽组合有关。

4.1.2.3 感应电动势对比

图 4-6 给出了 PMSM 和由其派生出来的 PMVM 感应电动势波形的对比，此处只给出 9 槽电机 A 相波形。由图 4-6（a）可以看出，对于 9 槽/6 极和 9 槽/8 极 PMSM 源电机来说，相同条件下，9 槽/8 极电机所产生的感应电动势幅值最大，而由其派生出来 18/14/4 PMVM 所产生的感应电动势幅值也大于相应的 18/15/3 PMVM 感应电动势。

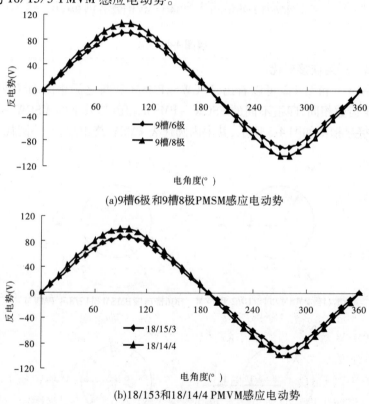

(a)9槽6极和9槽8极PMSM感应电动势

(b)18/153和18/14/4 PMVM感应电动势

图 4-6　A 相感应电动势对比

4.1.2.4 齿槽转矩对比

齿槽转矩（cogging torque）也称为定位力矩，由电机齿槽和永磁之间相互作用而产生，是永磁电机的固有特性。它的存在会增大电机启动力矩，是引起电机振动和噪声的主要原因,过大的齿槽转矩严重影响电机运行的可靠性,齿槽转矩是设计永磁电机时必须考虑的重要因素之一。

对于传统 FSCW – PMSM,其齿槽转矩周期可表示为[85]

$$T_{scog} = p_m \cdot 360°/LCM(N_s, 2p_m) \tag{4-7}$$

式中:LCM 为求取的最小公倍数。

值得注意的是,对于 MSCW – PMVM 来说,由于引入了磁通调制效应,式(4-7)已经不适用于该类电机,此时定义新的齿槽转矩表达式为

$$T_{vcog} = p_{vr} \cdot 360°/LCM(T_{FMPs}, 2p_{vm}) \tag{4-8}$$

此时,对于图 4-4 中所分析 FSCW – PMSM 源电机和由其派生出来的 MSCW – PMVM,其齿槽转矩周期如表 4-3 所示。

表 4-3　齿槽转矩周期

PMSM 源电机	T_{scog}	派生 PMVM	T_{vcog}
6 槽/4 极	60	12/10/2, 18/16/2, …	60
6 槽/8 极	60	12/8/4, 18/14/4, …	60
9 槽/6 极	60	18/15/3, 27/24/3, …	60
9 槽/8 极	20	18/14/4, 27/23/4, …	20
12 槽/10 极	30	24/19/5, 36/31/5, …	30
12 槽/14 极	60	24/17/7, 36/29/7, …	60

如表 4-3 所示,以 9 槽 6 极 PMSM 为例,其齿槽转矩周期为 60°,其派生的 PMVM(极槽数分别为 18/15/3 和 27/24/3)的齿槽转矩周期同样为 60°,从而验证了 PMSM 源电机和派生出的 PMVM 有着相同的齿槽转矩周期。它们的齿槽转矩波形如图 4-7 所示。

对图 4-7(a)、(b)进行纵向对比,可以看出,9 槽/6 极 PMSM 和 18/15/3 PMVM 齿槽转矩周期均为 60°,9 槽/8 极 PMSM 和 18/14/4 PMVM 齿槽转矩周期均为 20°,从而验证了式(4-8)的正确性。类似地进行横向对比,对于 PMSM 源电机来说,9 槽/6 极电机的齿槽转矩值大于 9 槽/8 极电机的,由前者派生出的 18/15/3 PMVM 的齿槽转矩峰值也大于后者派生出的 18/14/4 PM-VM 的。由此可以得出,FSCW – PMSM 源电机及其派生出的 MSCW – PMVM 具有相同的齿槽转矩周期,且变化趋势一致。

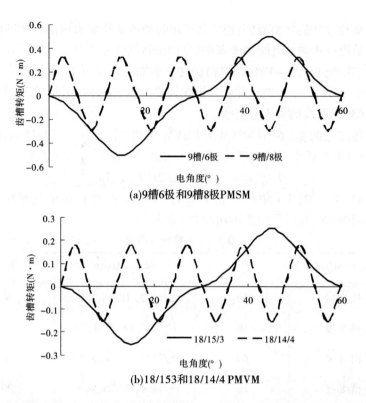

(a)9槽6极和9槽8极PMSM

(b)18/153和18/14/4 PMVM

图4-7　FSCW–PMSM 源电机及其派生的 MSCW–PMVM 齿槽转矩波形

综上分析,对于 FSCW–PMSM 电机来说,其派生出的 MSCW–PMVM 在空间磁场分布、绕组连接、感应电动势波形及齿槽转矩等一系列电磁特性方面具有相应的电磁相似性。因此,当设计该类电机时,可以根据其源电机电磁特性进行初步性能评估,以选出较优的极槽配合,可以节省后续大量分析和计算工作。

4.2　分数槽集中绕组永磁电机 UMP 解析计算

4.2.1　UMP 形成机制及解析计算

UMP 的产生主要有两方面原因:电机本体设计不合理和电机加工、装配出现误差。具体来说,当电机本身不存在偏心问题且永磁体磁化均匀,采用某些特定极槽组合时电机各相绕组出现扎堆分布的情况,导致相绕组分布在空间上不对称,此时就会出现 UMP[147]。在电机加工及安装时,由于机械加工误差或者装配技术导致转子轴心偏心,会使电机气隙磁场分布不均匀,进而引起 UMP[148,149]。此外,若永磁材料磁化不均匀,也会导致电机气隙磁场不均匀,进而产生 UMP[150]。Z. Q. Zhu 教授在文献[151]中给出了 UMP 沿 X 和 Y 两个方向的分量表达式:

$$\begin{cases} F_x = \dfrac{R_a L_s}{2\mu_0}\displaystyle\int_0^{2\pi}\left[\,(B_\alpha^2 - B_r^2)\cos\alpha + 2B_r B_\alpha \sin\alpha\,\right]\mathrm{d}\alpha \\[2mm] F_y = \dfrac{R_a L_s}{2\mu_0}\displaystyle\int_0^{2\pi}\left[\,(B_\alpha^2 - B_r^2)\sin\alpha - 2B_r B_\alpha \cos\alpha\,\right]\mathrm{d}\alpha \end{cases} \tag{4-9}$$

$$UMP = \sqrt{F_x^2 + F_y^2} \tag{4-10}$$

式中:R_a 为气隙处所对应的圆周平均半径;B_r、B_α 分别为径向、切向气隙磁通密度。

由式(4-9)和式(4-10)可求得电机径向、切向气隙磁场分布,从而计算出 UMP 的幅值。现就图 4-8 所示的多对极外转子电机结构电机分析其空载磁场分布情况,不失一般性,采用表贴永磁形式,径向充磁。图 4-9 为相应的永磁磁化强度分布图,采用极坐标形式。

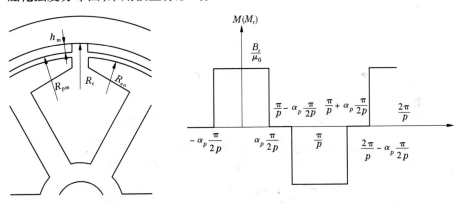

图 4-8 外转子电机拓扑   图 4-9 径向充磁永磁磁化强度分布

对磁化强度 M 的径向分量 M_r 和切向分量 M_θ 进行傅里叶展开[152-154],即有

$$\begin{cases} M_r = \displaystyle\sum_{n=1,3,5,\dots}^{\infty} \dfrac{2\alpha_p B_r}{\mu_0}\cdot\dfrac{\sin\left(\dfrac{\pi n\alpha_p}{2}\right)}{\dfrac{\pi n\alpha_p}{2}}\cos np\theta \\[4mm] M_\theta = 0 \end{cases} \tag{4-11}$$

$\vec{M}$ 与 M_r 和 M_θ 满足关系式:

$$\vec{M} = M_r \vec{r} + M_\theta \vec{\theta} \tag{4-12}$$

其散度为

$$\nabla \cdot \vec{M} = \frac{M_r}{R_a} + \frac{\partial M_r}{\partial r} + \frac{1}{R_a}\frac{\partial M_\theta}{\partial \theta} = \frac{M_r}{R_a} \tag{4-13}$$

由于电机空载时无旋转磁场,磁场强度 $\vec{H}$ 的旋度为 0,$\vec{H}$ 表示为标量磁位 φ 的负梯度:

$$\vec{H} = -\nabla \varphi \tag{4-14}$$

则 $\vec{H}$ 的径向、切向分量 H_r 和 H_θ 分别为

$$
\begin{cases}
H_r = -\dfrac{\partial \varphi}{\partial r} \\[2mm]
H_\theta = -\dfrac{1}{R_a}\dfrac{\partial \varphi}{\partial \theta}
\end{cases}
\tag{4-15}
$$

气隙内和永磁体内部的磁感应强度 B_a、B_{pm} 与其对应的磁场强度 $\vec{H}_a$、$\vec{H}_{pm}$ 分别满足关系式:

$$
\begin{aligned}
\vec{B}_a &= \mu_0 \vec{H}_a \\
\vec{B}_{pm} &= \mu_m \vec{H}_{pm} + \mu_0 \vec{M}
\end{aligned}
\tag{4-16}
$$

式中:μ_m 为永磁磁导率。

此时,气隙和永磁处可分别建立拉普拉斯方程和准泊松方程:

$$\nabla^2 \varphi_a(r,\theta) = \frac{\partial^2 \varphi_a(r,\theta)}{\partial^2 r} + \frac{1}{R_a}\frac{\partial \varphi_a(r,\theta)}{\partial r} + \frac{1}{R_a^2}\frac{\partial^2 \varphi_a(r,\theta)}{\partial \theta^2} = 0 \tag{4-17}$$

$$\nabla^2 \varphi_{pm}(r,\theta) = \frac{\partial^2 \varphi_{pm}(r,\theta)}{\partial^2 r} + \frac{1}{R_a}\frac{\partial \varphi_{pm}(r,\theta)}{\partial r} + \frac{1}{R_a^2}\frac{\partial^2 \varphi_{pm}(r,\theta)}{\partial \theta^2} = \frac{\nabla \cdot \vec{M}}{\mu_r} = \frac{M_r}{R_a \mu_r}$$

$$\tag{4-18}$$

求解式(4-17)和式(4-18)可得

$$\varphi_a(r,\theta) = \sum_{n=1,3,5,\cdots}^{\infty} (A_{na}R_a^{np} + B_{na}R_a^{-np})\cos(np\theta) \tag{4-19}$$

$$\varphi_{pm}(r,\theta) = \sum_{n=1,3,5,\cdots}^{\infty} \left\{ A_{npm}R_a^{np} + B_{npm}R_a^{-np} + \frac{M_n}{\mu_r[1-(np)^2]}R_a \right\}\cos(np\theta)$$

$$\tag{4-20}$$

式中，$M_n = \dfrac{4\alpha_p B_r}{\mu_0} \cdot \dfrac{\sin(\dfrac{\pi n \alpha_p}{2})}{\pi n \alpha_p}$，$A_{na}$、$B_{na}$、$A_{npm}$、$B_{npm}$ 为常数系数。

根据式（4-19）和式（4-20），气隙径向磁密 $B_{ra}(r,\theta)$、永磁径向磁密 $B_{r/\min}(r,\theta)$、气隙切向磁场强度 $H_{\theta a}(r,\theta)$、永磁切向磁场强度 $H_{\theta pm}(r,\theta)$ 可分别表示为

$$
\begin{cases}
B_{ra}(r,\theta) = \mu_0\left[-\dfrac{\partial \varphi_a(r,\theta)}{\partial r}\right] = -\mu_0 np \displaystyle\sum_{n=1,3,5,\cdots}^{\infty} (A_{na}R_a^{np-1} - B_{na}R_a^{-np-1})\cos np\theta \\[3mm]
B_{rpm}(r,\theta) = \mu_m \cdot \left[-\dfrac{\partial \varphi_{pm}(r,\theta)}{\partial r}\right] + \mu_0 \vec{M} \\[3mm]
\qquad\quad = -\mu_0 \mu_r \displaystyle\sum_{n=1,3,5,\cdots}^{\infty}\left\{ npA_{npm}R_a^{np-1} - npB_{npm}R_a^{-np-1} + \right. \\[3mm]
\qquad\qquad \left. \dfrac{M_n - [1-(np)^2]M_n}{\mu_r[1-(np)^2]}\right\}\cos np\theta \\[3mm]
H_{\theta a}(r,\theta) = -\dfrac{1}{R_a}\dfrac{\partial \varphi_a(r,\theta)}{\partial \theta} = \dfrac{1}{R_a}np \displaystyle\sum_{n=1,3,5,\cdots}^{\infty} (A_{na}R_a^{np} + B_{na}R_a^{-np})\sin np\theta \\[3mm]
H_{\theta p}(r,\theta) = -\dfrac{1}{R_a}\dfrac{\partial \varphi_{pm}(r,\theta)}{\partial \theta} = \dfrac{1}{R_a}np \displaystyle\sum_{n=1,3,5,\cdots}^{\infty}\left\{ A_{npm}R_a^{np} + B_{npm}R_a^{-np} + \right. \\[3mm]
\qquad\qquad \left. \dfrac{M_n}{\mu_r[1-(np)^2]}R_a\right\}\sin np\theta
\end{cases}
$$

$$(4\text{-}21)$$

边界条件为

$$
\begin{cases}
H_{\theta a}(r,\theta)\,|_{R_a=R_r} = 0 \\[2mm]
B_{ra}(r,\theta)\,|_{R_a=R_m} = B_{rpm}(r,\theta)\,|_{R_a=R_{pm}} \\[2mm]
H_{\theta a}(r,\theta)\,|_{R_a=R_m} = H_{\theta pm}(r,\theta)\,|_{R_a=R_{pm}} \\[2mm]
H_{\theta pm}(r,\theta)\,|_{R_a=R_{so}} = 0
\end{cases}
$$

$$(4\text{-}22)$$

联立式（4-21）和式（4-22）可得

$$\begin{cases} A_{na}R_r^{np} + B_{na}R_r^{-np} = 0 \\[2mm] A_{pmn}R_{so}^{np} + B_{npm}R_{so}^{-np} + \dfrac{M_n}{\mu_r[1-(np)^2]}R_{so} = 0 \\[2mm] npA_{na}R_{pm}^{np-1} - npB_{na}R_{pm}^{-np-1} \\[2mm] \qquad = \mu_r\left\{npA_{npm}R_{pm}^{np-1} - npB_{npm}R_{pm}^{-np-1} + \dfrac{M_n - [1-(np)^2]M_n}{\mu_r[1-(np)^2]}\right\} \\[2mm] A_{na}R_{pm}^{np} + B_{na}R_{pm}^{-np} = A_{npm}R_{pm}^{np} + B_{npm}R_{pm}^{-np} + \dfrac{M_n}{\mu_r[1-(np)^2]}R_{pm} \end{cases}$$

$$(4\text{-}23)$$

由式(4-23),可求得 A_{na}、B_{na}、A_{npm}、B_{npm} 为

$$A_{na} = -B_{na}R_r^{-2np}$$

$$A_{npm} = -B_{npm}R_{so}^{-2np} - Z_0R_{so}^{1-np}$$

$$B_{na} = -Z_0\frac{(np-1)+2B_0^{np+1}-(np+1)B_0^{2np}}{Z_1 - Z_2}R_{pm}^{np+1}$$

$$B_{npm} = Z_0R_{so}^{np+1}$$

$$\frac{-\left(1+\frac{1}{\mu_r}\right)\left(\frac{1}{B_0}\right)^{np-1} + \left(1-\frac{1}{\mu_r}\right)\left(\frac{1}{B_0}\right)^{np-1}B_2^{2np} + \left(np+\frac{1}{\mu_r}\right)-\left(np-\frac{1}{\mu_r}\right)B_2^{2np}}{Z_1 + Z_3} \cdot B_0^{np-1}$$

$$(4\text{-}24)$$

其中, $B_0 = \dfrac{R_{so}}{R_{pm}}$, $B_1 = \dfrac{R_{so}}{R_r}$, $B_2 = \dfrac{R_{pm}}{R_r}$, $Z_0 = \dfrac{M_n}{\mu_r[1-(np)^2]}$, $Z_1 = \dfrac{\mu_r+1}{\mu_r}(1-$

$B_1^{2np})$, $Z_2 = \dfrac{\mu_r-1}{\mu_r}(B_2^{2np}-B_0^{2np})$, $Z_3 = \dfrac{\mu_r-1}{\mu_r}(B_0^{2np}-B_2^{2np})$ 。

根据式(4-21)和式(4-24),径向、切向磁密 $B_{ra}(r,\theta)$ 和 $B_{\theta a}(r,\theta)$ 可分别表示为

$$B_{ra}(r,\theta) = \sum_{n=1,3,5,\cdots}^{\infty} \mu_0 npZ_0\frac{(np-1)+2B_0^{np+1}-(np+1)B_0^{2np}}{Z_1-Z_2}\cdot$$

$$\left[\left(\frac{R_a}{R_r}\right)^{np-1}B_2^{np+1} + \left(\frac{R_{pm}}{R_a}\right)^{np+1}\right]\cos np\theta \qquad (4\text{-}25)$$

$$B_{\theta a}(r,\theta) = \sum_{n=1,3,5,\cdots}^{\infty} -\mu_0 npZ_0\frac{(np-1)+2\left(\frac{1}{B_2}\right)^{np+1}-(np+1)\left(\frac{R_r}{R_m}\right)^{2np}}{Z_1-Z_2}\cdot$$

$$\left[\left(\frac{R_a}{R_r}\right)^{np-1}\left(\frac{1}{B_2}\right)^{np+1}+\left(\frac{R_{pm}}{R_a}\right)^{np+1}\right]\sin np\theta \tag{4-26}$$

将式(4-25)和式(4-26)代入式(4-9)中并化简,可得到多对极表贴结构径向充磁外转子 PMSM 空载状态下 UMP 幅值表达式为

$$
\begin{cases}
F_x = \dfrac{R_a L_{ef}}{2\mu_0}\displaystyle\int_0^{2\pi}\left[\left(B_\alpha^2-B_r^2\right)\cos\theta+2B_r B_\alpha\sin\theta\right]\mathrm{d}\theta \\[2mm]
\quad = \Delta_0\displaystyle\int_0^{2\pi}\left\{\left[\left(\Delta_1\Delta_2\cos np\theta\right)^2-\left(\Delta_1\Delta_3\sin np\theta\right)^2\right]\cos\theta+\right. \\[2mm]
\qquad \left. 2\left(\Delta_1\Delta_2\cos np\theta\right)\left(\Delta_1\Delta_3\sin np\theta\right)\sin\theta\right]\right\}\mathrm{d}\theta \\[2mm]
\quad = \left[\dfrac{1}{2np+1}\sin(2np+1)2\pi\theta+\dfrac{1}{2np-1}\sin(2np-1)2\pi\theta\right]\cdot \\[2mm]
\qquad \left(\dfrac{1}{4}\Delta_0\Delta_1^2\Delta_2^2-\dfrac{1}{4}\Delta_0\Delta_1^2\Delta_3^2+\dfrac{1}{2}\Delta_0\Delta_1^2\Delta_2\Delta_3\right) \\[2mm]
F_y = \dfrac{R_a L_{ef}}{2\mu_0}\displaystyle\int_0^{2\pi}\left[\left(B_\alpha^2-B_r^2\right)\sin\theta-2B_r B_\alpha\cos\theta\right]\mathrm{d}\theta \\[2mm]
\quad = \Delta_0\displaystyle\int_0^{2\pi}\left\{\left[\left(\Delta_1\Delta_2\cos np\theta\right)^2-\left(\Delta_1\Delta_3\sin np\theta\right)^2\right]\sin\theta-\right. \\[2mm]
\qquad \left. 2\left(\Delta_1\Delta_2\cos np\theta\right)\left(\Delta_1\Delta_3\sin np\theta\right)\cos\theta\right]\right\}\mathrm{d}\theta \\[2mm]
\quad = \left\{\dfrac{1}{2np-1}\left[\cos(2np-1)2\pi\theta-1\right]-\dfrac{1}{2np+1}\left[\cos(2np+1)\right.\right. \\[2mm]
\qquad \left.\left. 2\pi\theta-1\right]\right\}\cdot\left(\dfrac{1}{2}\Delta_0\Delta_1^2\Delta_2^2-\dfrac{1}{2}\Delta_0\Delta_1^2\Delta_3^2\right)+\dfrac{1}{2}\Delta_0\Delta_1^2\Delta_2\Delta_3 \\[2mm]
\qquad \left\{\dfrac{1}{2np-1}\left[\cos(2np-1)2\pi\theta-1\right]+\dfrac{1}{2np+1}\left[\cos(2np+1)2\pi\theta-1\right]\right\}
\end{cases}
\tag{4-27}
$$

其中,$\Delta_0=\dfrac{R_a L_s}{2\mu_0}$

$$\Delta_1=\sum_{n=1,3,5,\cdots}^{\infty}\frac{\mu_0 np M_n}{\mu_r\left[(np)^2-1\right]}\frac{\left[\left(\dfrac{R_a}{R_r}\right)^{np-1}\left(\dfrac{R_{pm}}{R_r}\right)^{np+1}+\left(\dfrac{R_{pm}}{R_a}\right)^{np+1}\right]}{\dfrac{\mu_r+1}{\mu_r}\left[1-\left(\dfrac{R_{so}}{R_r}\right)^{2np}\right]-\dfrac{\mu_r-1}{\mu_r}\left[\left(\dfrac{R_{pm}}{R_r}\right)^{2np}-\left(\dfrac{R_{so}}{R_{pm}}\right)^{2np}\right]}$$

$$\Delta_2=\left[(np-1)+2\left(\frac{R_r}{R_m}\right)^{np+1}-(np+1)\left(\frac{R_r}{R_m}\right)^{2np}\right]$$

$$\Delta_3=\left[(np-1)+2\left(\frac{R_{so}}{R_{pm}}\right)^{np+1}-(np+1)\left(\frac{R_{so}}{R_{pm}}\right)^{2np}\right]$$

为了验证求解的正确性,以 9 槽/8 极、9 槽/6 极和 12 槽/10 极、12 槽/14

极 PMSM 为例,分别采用解析法和有限元法对其 UMP 进行计算,结果如图 4-10 和图 4-11 所示。可以看出,当分别采用解析法和有限元法分别计算 9 槽/6 极、9 槽/8 极和 12 槽/10 极、12 槽/14 极 PMSM 的 UMP 时,二者计算结果吻合较好。同时,由图 4-10 可以看出,9 槽/8 极电机的 UMP 较相应的 9 槽/6 极电机要大很多。

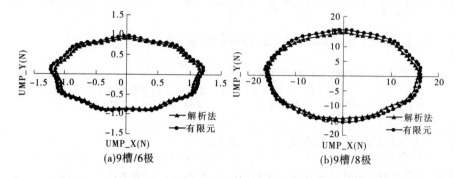

图 4-10　9 槽/8 极和 9 槽/6 极 PMSM UMP 解析法与有限元法对比

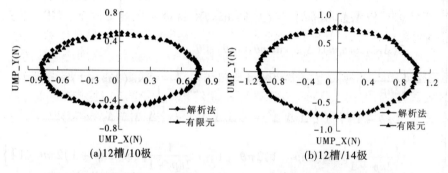

图 4-11　12 槽/10 极和 12 槽/14 极 PMSM UMP 解析法与有限元法对比

图 4-12 给出了 9 槽/8 极 PMSM 感应电动势矢量图,可以看出,9 槽/8 极 PMSM 三相电枢绕组将整个定子圆周均分成三块,每相绕组所占区域为 120° 机械角度。以 A 相为例,该相绕组在空间上将会形成扎堆分布的情况。当在定子绕组上加对称的三相交流电时,在某些时刻,将会出现该相绕组所在区域内的磁动势为 0,导致电机合成电磁力不为 0,产生 UMP。且此特性与电机加工精度无关,是该电机的固有特性。对于 12 槽/10 极和 12 槽/14 极 PMSM 来说,其 UMP 小于同等情况下 9 槽电机,同时该类型电机的齿槽转矩也被证明较小,除第 3 章中关于 MG 转矩特性分析外,这也是本书选取 12 槽/10 极 PMSM 作为 24/19/5 PMVM 源电机的原因。

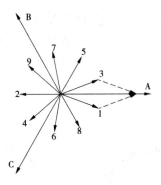

图 4-12　9 槽/8 极 PMSM 感应电动势矢量

4.2.2　非单元 PMSM 与其单元电机的 UMP 联系

当 PMSM 存在 UMP 时,对其单元电机极槽数进行整数倍扩大构成多极槽电机,则不论该电机单元电机个数是奇数还是偶数,此时电机定子每相绕组在 360°空间内均分该整数个单元电机区域,从而使得电机各相绕组在换向通电时,整体上产生的径向磁拉力可以相互抵消,合力为 0,从而降低 UMP。以 9 槽/8 极电机为例,将其极槽数翻倍成 45 槽/40 极电机和 126 槽/112 极电机,其中前者单元电机个数为奇数,后者单元电机个数为偶数。这两个电机的绕组连接如图 4-13 所示。对 45 槽/40 极电机而言,三相绕组将定子圆周均分为 15 块,每相绕组在定子 360°圆周内均分为 5 个区域;对 126 槽/112 极电机而言,此时三相绕组将定子圆周均分为 42 块,每相绕组在定子 360°圆周内均分为 14 个区域。

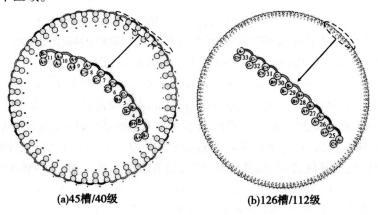

(a)45槽/40级　　　　　　(b)126槽/112级

图 4-13　多极槽 PMSM 绕组连接

以 A 相为例,当该相绕组在通电换相时,第 i 个区域内产生的总径向力为 F_i,两电机相应的合成径向力如图 4-14 所示。可以看出,此时电机总合成径向磁拉力相互对称,总体上相互抵消,合力为 0,不产生 UMP。

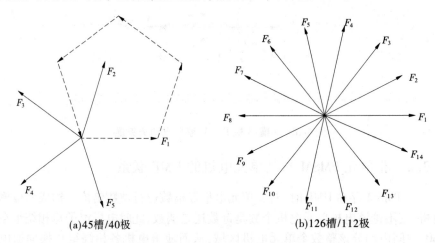

(a)45槽/40极 (b)126槽/112极

图 4-14 多极槽 PMSM 的合成径向力

由以上分析可知,虽然 9 槽/8 极 FSCW – PMSM 存在 UMP,但是在进行极槽数整数倍扩大后,该电机的 UMP 会随着极槽数的整数倍扩大相互抵消而不再存在。下面将围绕 9 槽/8 极单元电机中存在的 UMP 开展研究,从空载、负载及电机具体参数着手分析,以期推广到多极槽 FSCW – PMSM。

4.2.3 不同负载情况下 UMP 分析

电机空载时仅有永磁磁场作用,此时 UMP 仅由永磁磁场形成,其幅值通常较小。当电机带负载工作时,产生的电枢磁场与永磁磁场相互作用,形成合成磁场。此时 UMP 幅值较空载时要大。所带负载值不同,UMP 大小也不相同。当阻性负载分别取 0、0.5 Ω、1 Ω 和 10 Ω 时,不同负载情况下电机 UMP 波形如图 4-15 所示。可以看出,电机空载时 UMP 幅值最低,负载电阻为 0.5 Ω 时 UMP 幅值最大。带载情况下,随着负载电阻的增大,UMP 逐渐减小。

图 4-16 给出了 UMP 峰值随负载阻值的变化图。可以看出,随着电机所带负载阻值的降低,UMP 幅值逐渐增大,阻值越接近零,UMP 表现越为明显。

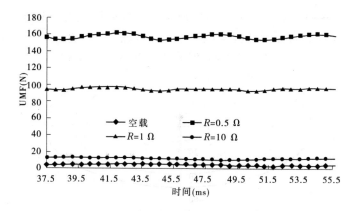

图 4-15 不同负载时 UMP 波形

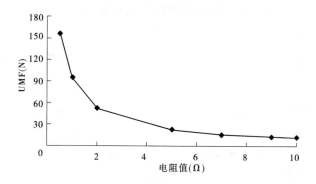

图 4-16 UMP 峰值随负载阻值的变化曲线

4.3 电机主要参数对 UMP 影响分析

4.3.1 UMP 随槽口宽度的变化特性

UMP 主要是由电机气隙磁密分布不均匀导致,改变槽口宽度会直接影响整个气隙磁密的分布。图 4-17 给出了不同槽口宽度下 PMSM 的 UMP 的波形,图 4-18 给出了 UMP 峰值随槽口宽度变化曲线。可以看出,当电机槽口宽度为 0,即电机采用闭口槽时,UMP 近似为 0。但实际设计电机时,为了保证绕组嵌线以及提高电机的功率因数和效率,往往使用开口槽设计。从图 4-18 可以看出,当槽口宽度的取值为 2.5 mm 时,UMP 幅值较低。其中,bs_0 为开口槽宽,UMP_X 和 UMP_Y 分别为 UMP 在 X 轴和 Y 轴的分量。

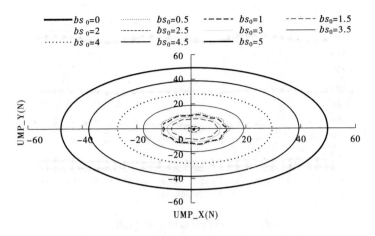

图 4-17 不同槽口宽度下 PMSM 的 UMP 波形

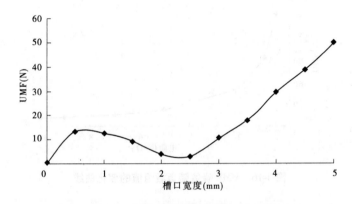

图 4-18 UMP 峰值随槽口宽度的变化曲线

4.3.2 UMP 随齿宽、轭厚的变化特性

电机齿宽、轭厚的大小将会影响电机齿部、轭部磁密的饱和程度,而电机铁芯过度饱和或者磁密值较低都会对效率有影响,故本节开展齿部宽度和轭部厚度分析,以达到最大程度上降低电机 UMP 幅值的目的。齿宽 t 和轭厚 hs_2 变化分别设置为 6 mm、14 mm 和 10 mm、16 mm。图 4-19 和图 4-20 分别给出了在不同齿宽和轭厚下电机 UMP 的波形。可以看出,对所分析的 9 槽 8 极 PMSM 电机而言,不同齿宽及轭部厚度所对应的 UMP 曲线波形较为接近。齿宽和轭厚分别取 11 mm 和 14 mm 时,电机 UMP 较小。

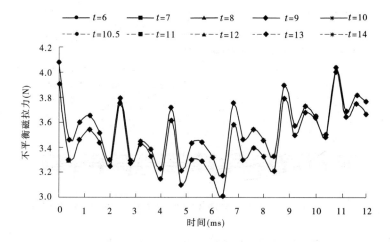

图 4-19　不同齿宽时 UMP 波形

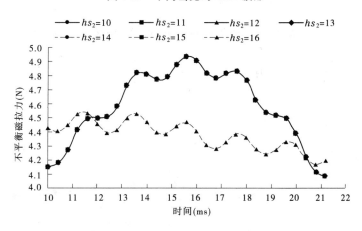

图 4-20　不同轭厚时 UMP 波形

4.3.3　UMP 随气隙长度的变化特性

气隙长度直接影响电机气隙磁场分布,PMSM 不同气隙长度所对应的 UMP 波形也不尽相同,设置气隙长度变化范围为 0.25 ~ 2 mm,步长为 0.25 mm,进行有限元计算。图 4-21 给出了不同气隙长度 gap 时电机 UMP 的波形,图 4-22 给出了 UMP 峰值随气隙长度的变化曲线。可以看出,对于 UMP 特性来说,电机气隙长度并非取得越大或者越小越好,而存在一定的最佳范围值,当电机的气隙长度取值范围为 0.5 ~ 0.75 mm 时,UMP 的幅值较低。

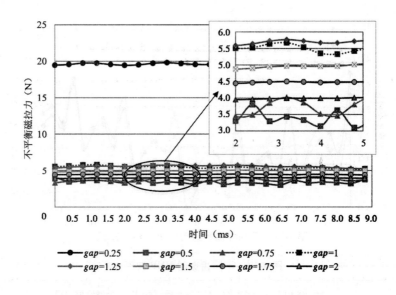

图 4-21　不同气隙长度时电机 UMP 的波形

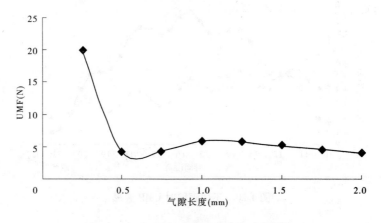

图 4-22　UMP 峰值随气隙长度的变化曲线

4.3.4　UMP 随极弧系数的变化特性

　　PMSM 电机极弧系数表征电机永磁体的用量,在电机铁芯未出现饱和情况下,保持其他参数均不变,极弧系数大意味着永磁用量多。设置极弧系数 ap 变化范围为 $0.65 \sim 1$,每次增加 0.05。图 4-23 给出了不同极弧系数时电机 UMP 的波形,图 4-24 给出了 UMP 幅值随电机极弧系数的变化曲线。可以看出,电机极弧系数取值不同时,所对应的 UMP 幅值相差较大,从几倍到十几倍

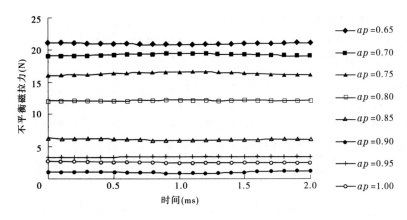

图 4-23　不同极弧系数时电机 UMP 的波形

不等,极弧系数对 UMP 幅值影响较大。对于所分析的电机,当极弧系数为 0.91 时,UMP 幅值达到最小。虽然现有 PMVM 的研究并未有关于 UMP 的分析和报道,但现有表贴式 PMVM 电机极弧系数一般取值都较大,多数取值为 1 或者接近 1,这可以从 UMP 角度得到解释。

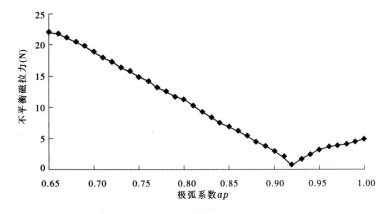

图 4-24　UMP 峰值随极弧系数的变化曲线

4.4　小　结

本章从分析具有相同定子齿数的 FSCW – PMVM 和 MSCW – PMSM 转换入手,通过对二者电磁性能计算和对比,完成了电磁相似性分析。提出了"PMSM 源电机"的概念,从而在设计和分析 MSCW – PMVM 时,可根据源电机性能进行初步性能评估，为深入分析和研究 MSCW – PMVM 奠定了理论基础。在此基础上，阐述了源电机 UMP 的产生原因，推导了多对极径向充磁 PMSM 空载状态下 UMP 的解析表达式，并通过有限元法对计算结果进行了验证。此外，以存在 UMP 的 9 槽/8 极 PMSM 单元电机为研究对象，分析了 9 槽/8 极单元电机与其衍生的多极槽非单元电机 UMP 的内在联系。从不同负载情况及极槽配合、槽口宽度等电机主要参数对 UMP 的影响展开了分析和计算，从源电机 UMP 的角度解释了现有 MSCW – PMVM 极弧系数取值普遍较大的原因。

第 5 章　FFMSCW – PMVM 设计、优化及实验验证

通常 MW 级风力发电机转速为每分钟几转到几十转,电机本体往往体积较大,加工制造、装配成本高且难度较大,转矩密度相对较低。因此,研究和设计具有高转矩密度和优良电磁特性的低速大转矩永磁风力发电机已然成为直驱风力发电领域的研究热点之一。

第 2 章和第 3 章关于 MGM 和 PMVM 的分析研究表明,作为一种新型直驱电机解决方案,PMVM 在低速直驱应用场合具有明显优势。该类电机基于磁场调制原理工作,定子绕组可按极对数较少的高速磁场设计,结构简单紧凑,而转子则仍然保持低速旋转,满足直驱操作要求。与传统 PMSM 相比,无需机械结构的改变和零部件的增加,却能容易地实现低速大转矩传递。基于第 3 章聚磁式 MG 设计及分析基础上,本章提出了一种外转子聚磁式多齿分裂极集中绕组永磁游标电机(Flux Focusing Multi – tooth Splitting Concentrating Winding Permanent Magnet Vernier Machine, FFMSCW – PMVM)。通过对电机不同转子位置的磁场分布和磁路研究,分析并阐述了其工作原理。计算了该电机的电磁特性,并进行了热负荷校验。最后制作了实验样机,搭建了实验平台,对所设计电机进行了空载和负载实验。

5.1　FFMSCW – PMVM 拓扑结构与工作特性

5.1.1　电机拓扑结构

现有关于 PMVM 拓扑研究主要集中在分布绕组单齿 PMVM[20,57,66,67,69-74] 和 MSCW – PMVM[89-93],分别如图 1-22 和图 1-26 所示,两种拓扑结构多采用表贴式永磁结构。文献[84]中提出了一种 18 槽/28 极外转子聚磁式单齿 PMVM,为了解决该类电机功率因数不高的问题,文献[73]中提出了一种双定子聚磁式单齿 PMVM。在对上述两种聚磁式 PMVM 进行研究以及与 MSCW – PMVM 对比后,指出后者存在"磁通死区",且转矩密度低于聚磁式电机结构。但是将聚磁结构与表贴结构对比有失偏颇,并不能真实反映该电机结构的优

劣性。此外,从图1-24和图1-25可以看出,对于聚磁式单齿PMVM,无论是单定子型或者双定子型,均采用分布式绕组,导致电机绕组端部较长,端部损耗较大,且当电机功率等级较高时,绕组下线较为困难、费时较多。

本书在深入分析现有PMVM拓扑结构的基础上,同时考虑风力发电系统中风机叶片与电机连接的可行性,在第3章所设计的24/19/5组合聚磁式MG基础上,提出了一种FFMSCW – PMVM,电机拓扑结构如图5-1所示。可以看出,外转子由硅钢片叠成的转子铁芯和插入转子铁芯均匀分布、交替切向充磁的永磁组成,永磁采用Spoke – array结构,极对数$p_{vm}=19$,该永磁排布方式有着明显的聚磁效应,在改善气隙磁密、提高电机功率密度的同时,可有效避免永磁体损坏和脱落,提高转子整体机械强度。定子有12个定子齿,每个定子齿上分布两个调制极,即$k_{FMPs}=2$,调制极总数$T_{FMPs}=24$。同分布式绕组单齿聚磁PMVM相比,本书所提出电机具有以下优点:

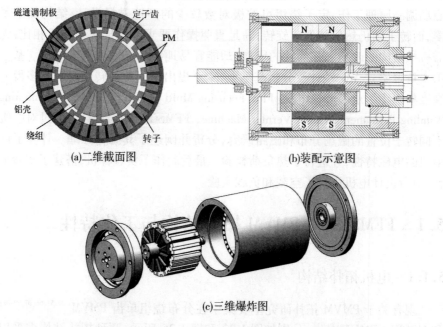

(a)二维截面图　　　　　　　　(b)装配示意图

(c)三维爆炸图

图 5-1　FFMSCW – PMVM 结构示意图

(1)在不考虑磁场调制原理时,内部定子多齿调制极结构,类似于常规PMSM中为减少齿槽转矩时所开的辅助槽,该措施已被证明是最为有效的减少齿槽转矩方法之一。

(2)每个定子齿上设置两个调制极,可有效减少所谓多齿分裂极集中绕组 PMVM 的"死区效应"[84]。

（3）三相集中式电枢绕组对称嵌套在定子齿上，在绕组绕制及连接上较分布式绕组有着明显的优势，可有效减少端部损耗。当电机功率等级不高时，单齿 PMVM 绕组槽满率较低，一般在 $0.35 \sim 0.38$，而集中式绕组 PMVM 槽满率可以达到 $0.55 \sim 0.65$。

（4）在高功率等级场合，可考虑模块化拼接结构，其制造和装配难度明显远远小于同功率等级分布式绕组单齿 PMVM。

（5）结构上与普通 FSCW - PMSM 并无太大差异，但是基于磁场调制原理，所提出的电机可以方便地实现定子磁场高速设计和转子低速运行，所以非常适用于直驱应用场合。

5.1.2　电机工作特性分析

为直观说明 FFMSCW - PMVM 的运行特性，采用有限元法对电机进行了分析，其四个不同转子位置时的空载磁场磁力线分布如图 5-2 所示。由图 5-2 可见，由于调制极的磁场调制作用，虽然外转子永磁体极对数 $p_{vm} = 19$，定子磁场分布却与 5 对极普通 PMSM 磁场分布相似，定子电枢绕组极对数 $p_{rw} = 5$，所

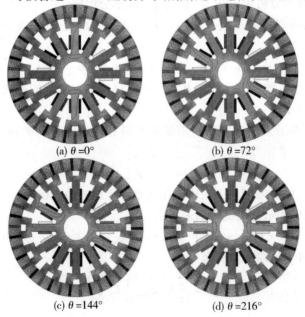

(a) $\theta = 0°$　　　　　　　　(b) $\theta = 72°$

(c) $\theta = 144°$　　　　　　　(d) $\theta = 216°$

图 5-2　转子不同位置时 24/19/5 FFMSCW - PMVM 空载磁力线分布

以该电机称为 24/19/5 组合 FFMSCW – PMVM。不难看出,当转子每次转过 1 对极时,定子电枢绕组磁场也相应转过 72°,从而实现了增速旋转。

5.2 FFMSCW – PMVM 设计

5.2.1 电机功率尺寸方程

从工作原理看,FFMSCW – PMVM 属于 PMSM 的一种,其感应电动势已被证明具有高度正弦性。电机工作在发电运行状态,当定子电枢绕组中电流为正弦且与感应电动势同相位时,不考虑电阻条件下,电机电磁功率可表示为[8]

$$P = \frac{1}{2} \cdot m \cdot E_{\mathrm{m}} \cdot I_{\mathrm{m}} \cdot \cos\varphi \tag{5-1}$$

式中:m 为相数,此处 $m = 3$;E_{m} 为相空载感应电动势幅值;I_{m} 为相电流幅值;φ 为内功率因数角。

下面分别求 E_{m} 和 I_{m} 的表达式。假设电机永磁磁链为 ψ_{m},由第 4 章中对电机工作特性的分析可以知道,该磁链由两部分组成:

(1)一部分是气隙基波磁密匝链相绕组产生的磁通量,此部分由永磁产生,表示如下:

$$\psi_{\mathrm{pm}} = N \cdot \varphi_{\mathrm{pm}} = N \cdot \Phi_{\mathrm{pm}} \cdot \cos(p_{\mathrm{vm}} \cdot \theta_{\mathrm{r}}) \tag{5-2}$$

式中:N 为绕组匝数;Φ_{pm} 为气隙基波磁密匝链相绕组产生的磁通幅值;θ_{r} 为转子位置机械角度。

(2)另一部分是气隙有效谐波磁密匝链相绕组产生的磁通量,此部分由磁通调制产生,表示如下:

$$\psi_{\mathrm{hm}} = N \cdot \varphi_{\mathrm{hm}} = N \cdot \Phi_{\mathrm{hm}} \cdot \cos(p_{\mathrm{vm}} \cdot \theta_{\mathrm{r}}) \tag{5-3}$$

式中:Φ_{hm} 为气隙有效谐波磁密匝链相绕组产生的磁通幅值。

因此,电机相永磁磁链可以表示为

$$\psi_{\mathrm{m}} = N \cdot (\varphi_{\mathrm{pm}} + \varphi_{\mathrm{hm}}) = N \cdot \cos(p_{\mathrm{vm}} \cdot \theta_{\mathrm{r}}) \cdot (\Phi_{\mathrm{pm}} + \Phi_{\mathrm{hm}}) \tag{5-4}$$

式中:Φ_{pm} 和 Φ_{hm} 分别可表示为

$$\Phi_{\mathrm{pm}} = \frac{2}{\pi} k_{\mathrm{vw}} B_{\mathrm{pm}} \frac{1}{G_{\mathrm{r}}} L_{\mathrm{s}} \frac{\pi D_{\mathrm{ag}}}{2 p_{\mathrm{vw}}} \tag{5-5}$$

$$\Phi_{\mathrm{hm}} = \frac{2}{\pi} k_{\mathrm{vw}} B_{\mathrm{hm}} L_{\mathrm{s}} \frac{\pi D_{\mathrm{ag}}}{2 p_{\mathrm{vw}}} \tag{5-6}$$

式中：k_{vw} 为相绕组系数；B_{pm} 为气隙磁密基波幅值；B_{hm} 为气隙磁密有效谐波幅值；D_{ag} 为气隙直径。

将 $G_r = \dfrac{p_{vm}}{p_{vw}}$ 代入式(5-5)和式(5-6)，可进一步化简为

$$\Phi_{pm} = \frac{k_{vw}B_{pm}L_sD_{ag}}{p_{vm}} \tag{5-7}$$

$$\Phi_{hm} = \frac{k_{vw}B_{hm}L_sD_{ag}}{p_{vw}} \tag{5-8}$$

将式(5-7)和式(5-8)代入式(5-4)，可以得到电机的相永磁磁链表达式为

$$\psi_m = \frac{N}{p_{vm}} \cdot k_w L_s D_{ag}(B_{pm} + G_r B_{hm})\cos(p_{vm} \cdot \theta_r) \tag{5-9}$$

由式(5-9)可以计算得到相空载感应电动势表达式为

$$\begin{aligned}
e_m(t) &= -\frac{\mathrm{d}\psi_m}{\mathrm{d}\theta_r} \cdot \omega_r \\
&= N \cdot k_{vw} \cdot L_s \cdot D_{ag} \cdot (B_{pm} + G_r B_{hm}) \cdot \sin(p_{vm} \cdot \theta_r) \cdot \omega_r
\end{aligned} \tag{5-10}$$

由此可得电机相空载感应电动势幅值为

$$E_m = N \cdot k_{vw} \cdot L_s \cdot D_{ag} \cdot (B_{pm} + G_r B_{hm}) \cdot \omega_r \tag{5-11}$$

相电流幅值为

$$I_m = \frac{\sqrt{2}}{2} \cdot \pi \cdot \frac{A_s \cdot D_{ag}}{3N} \tag{5-12}$$

式中：A_s 为电机电负荷。

将式(5-11)和式(5-12)代入式(5-1)，可以得到电机的电磁功率方程表达式为

$$P = \frac{\sqrt{2}\pi}{4} \cdot \frac{p_{vm}}{N_{FMPs}} \cdot k_{vw} \cdot (B_{pm} + G_r B_{hm}) \cdot \cos\varphi \cdot A_s \cdot L_s \cdot D_{ag}^2 \cdot n \tag{5-13}$$

此时，若不考虑电机的损耗，则可认为电机的平均输出转矩即等于平均电磁转矩，表示为

$$T = \frac{\sqrt{2}\pi}{4} \cdot \frac{p_{vm}}{T_{FMPs}} \cdot k_{vw} \cdot (B_{pm} + G_r B_{hm}) \cdot A_s \cdot L_s \cdot D_{ag}^2 \cdot n \tag{5-14}$$

参照现有 PMSM 转矩密度的定义，FFMSCW – PMVM 转矩密度可表示为

$$\sigma_T = \frac{T}{V_{ag}} \tag{5-15}$$

式中：V_{ag} 为电机气隙所包围部分的体积，且有

$$V_{ag} = \pi \cdot \left(\frac{D_{ag}}{2}\right)^2 \cdot L_s \tag{5-16}$$

因此,转矩密度表达式可化简为

$$\sigma_T = \sqrt{2}\pi \cdot \frac{p_{vm}}{T_{FMPs}} k_{vw} \cdot (B_{pm} + G_r B_{hm}) \cdot A_s \tag{5-17}$$

式中:$B_{pm} + G_r B_{hm}$ 为电机的等效气隙磁负荷。

式(5-17)表明,电机的转矩与等效气隙磁负荷、气隙电负荷 A_s 和气隙所包围体积成正比,而与电机相数和绕组匝数无关。与传统 PMSM 不同,基于磁场调制原理工作的 FFMSCW – PMVM 的等效气隙磁负荷是由气隙基波磁密和有效谐波磁密共同作用产生的。

根据式(5-13)或者式(5-14),当电磁功率或者电磁转矩性能要求确定以后,可以得到电机的尺寸方程:

$$D_{ag}^2 \cdot L_s = \frac{P}{\dfrac{\sqrt{2}\pi}{4} \cdot \dfrac{p_{vm}}{T_{FMPs}} \cdot k_{vw} \cdot (B_{pm} + G_r B_{hm}) \cdot A_s \cdot n} \tag{5-18}$$

基于功率尺寸方程,初步设计了一台三相外转子 24/19/5 FFMSCW – PMVM,主要初始尺寸参数如表 5-1 所示。

表 5-1　24/19/5 FFMSCW – PMVM 初始设计参数

主要技术参数			
额定功率 $P(W)$	1 000	定子齿数 N_s	12
额定频率 $f(Hz)$	50	总调制极数 T_{FMPs}	24
相数 m	3	永磁体极对数 p_{vm}	19
额定转速 $n(r/min)$	158	每定子齿上调制极数	2
额定电压 $U(V)$	102	传动比 G_r	3.8
额定相电流 $I_o(A)$	10.6	电密 $J_s(A/mm^2)$	8
定子参数			
定子硅钢片材料	DW360	相邻定子夹角(°)	5
定子外径(mm)	182	调制极宽(°)	7.5
定子内径(mm)	24	相邻调制极间槽宽(°)	7.5
定子齿宽(mm)	10	轴向长度 L_s(mm)	70
每槽面积(mm²)	760	气隙长度(mm)	0.5
每相绕组槽面积(mm²)	3 040	绕组并绕数	4
绕组匝数	60	槽满率	0.52

转子参数			
转子硅钢片材料	DW360	永磁材料	N38SH
转子外径（mm）	217.2	永磁体宽（mm）	4
转子内径（mm）	183.2		

5.2.2　FFMSCW－PMVM 参数优化

5.2.2.1　定子优化

FFMSCW－PMVM 定子部分主要参数如图 5-3 所示。定子部分优化主要包含定子齿宽和调制极参数优化两部分,其中后者又包含调制极宽、极厚和相邻调制极间宽三个参数。

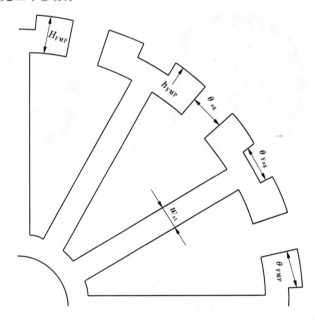

图 5-3　FFMSCW－PMVM 定子部分主要参数

1. 定子齿宽 w_{st} 优化

对于定子齿宽的选取,主要基于两个方面的考虑:一个是电机定子槽面积,当定子齿宽值较大时,电机定子槽面积较小,可放置的电枢绕组有限,限制了电机出力。另一个是定子齿磁饱和,若定子齿宽较小,当电枢绕组通电流时,定子齿磁饱和较为严重。不同定子齿宽对应的电机磁密分布如图5-4所示。可以看出,定子齿磁饱和与定子槽有效绕组面积是相互制约的关系,既要保证电机加载时,定子齿部磁密平均值在定子铁芯材料 $B—H$ 曲线的拐点附近,也要考虑电机出力的实际情况,最终定子齿宽 w_{st} 取值为 8 mm。

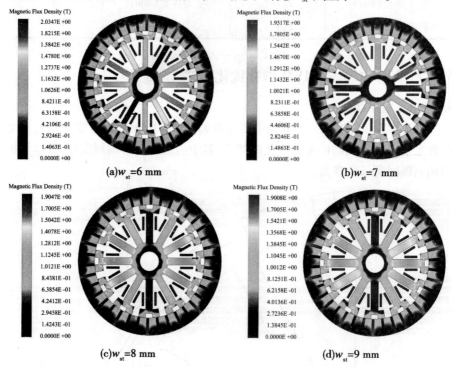

图5-4　不同定子齿宽时 FFMSCW – PMVM 电机磁密分布

2. 调制极宽 θ_{FMP} 和相邻调制极间气隙宽度 θ_{ag}

图5-5 给出了电机输出转矩分别随调制极宽 θ_{FMP} 和相邻调制极间气隙宽度 θ_{ag} 变化。可以看出,调制极宽 θ_{FMP} 和相邻调制极间气隙宽度 θ_{ag} 二者也是相互制约的,当 θ_{FMP} 增大时,θ_{ag} 减小,反之亦然。值得注意的是,对 θ_{ag} 优化也要考虑方便绕组的嵌线和固定,θ_{ag} 过小,即槽开口过小,不方便嵌线。θ_{ag} 过大,即定子齿开口较大,影响磁通调制效果和电机出力。

3. 调制极厚 H_{FMP}

由图5-3 可以看出,调制极厚 H_{FMP} 主要影响电机绕组槽内面积,H_{FMP} 过大则导致电机绕组槽面积减小,H_{FMP} 过小则容易导致电机定子部分饱和。图5-6 为电机 A 相感应电动势幅值随调制极厚 H_{FMP} 和开槽深度 h_{FMP} 的变化规律。

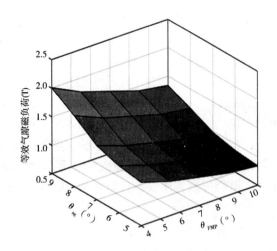

图5-5 FFMSCW - PMVM 等效气隙磁负荷随 θ_{FMP} 和 θ_{ag} 变化

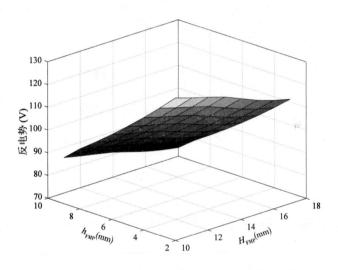

图5-6 FFMSCW - PMVM A 相感应电动势幅值随调制 极厚 H_{FMP} 和开槽深度 h_{FMP} 变化规律

由图5-6可以看出,调制极开槽类似于 PMSM 性能优化时定子齿上开辅助槽,文献[9]中已证明开辅助槽对于减小永磁电机齿槽转矩是有效的,且指出辅助槽深度不易过大。根据这一原则,这里定义开槽深度系数 η_s 为

$$\eta_s = \frac{h_{FMP}}{H_{FMP}} \tag{5-19}$$

优化后最终 $\eta_s = 0.45$。

5.2.2.2　转子优化

电机转子部分优化主要包括确定永磁体的极弧系数和形状两方面,其中极弧系数定义如图 5-7 所示。对于文献[102]中提出的表贴式集中绕组多齿分裂极 PMVM 来说,永磁体尺寸受转子外径和极数的限制,其形状基本无法改变,而对于本课题提出的 FFMSCW – PMVM 中 Spoke – array 永磁排布来说,在气隙直径一定的情况下,可方便地改变永磁体的宽度和厚度,以达到改善气隙磁密的目的。一方面,永磁用量越多,气隙磁密越大,电机转矩密度越高;另一方面,过多的永磁用量会导致转子铁芯过度饱和,从而降低永磁利用率。

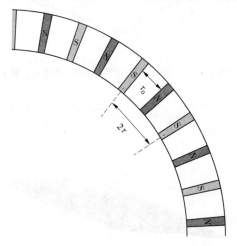

图 5-7　24/19/5 FFMSCW – PMVM 转子主要参数

1. 永磁体极弧系数

永磁体极弧宽度和极距分别记为 τ_0 和 2τ,如图 5-7 中所示。由此可定义极弧系数为

$$\alpha_{sp} = \frac{\tau_0}{2\tau} \tag{5-20}$$

值得注意的是,当保持电机永磁体极对数 p_{vm} 和极距不变时,随着永磁厚度的增加,极弧系数 α_{sp} 是下降的。图 5-8 给出了 24/19/5 FFMSCW – PMVM 气隙磁密波形随永磁体极弧系数 α_{sp} 的变化。可以看出,当 $\alpha_{sp} = 0.28$ 时,气隙磁密取值最大,但此时也意味着永磁消耗量最大,电机也较易产生磁饱和。为了平衡电机性能和永磁消耗量,图 5-9 给出了电机的总磁通随极弧系数变化。当永磁体极弧系数取 0.28 时,总磁通最大,这与图 5-9 中最大气隙磁密相吻

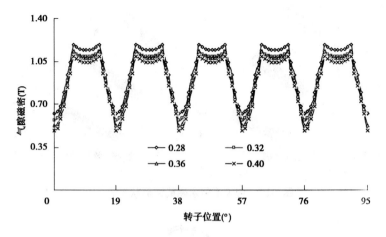

图 5-8　FFMSCW – PMVM 气隙磁密波形随永磁体极弧系数 α_{sp} 的变化

合。但是,从永磁利用率角度讲,应该在等效气隙磁负荷增加速度由快变慢的转折区附近来选择。最终为了均衡永磁用量和电机整体性能,α_{sp} 取值为 0.32。

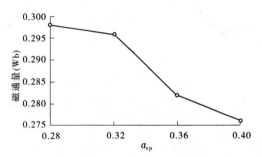

图 5-9　FFMSCW – PMVM 的总磁通随极弧系数变化

2. 永磁体形状

对于 Spoke – array 永磁体排列,永磁体形状有两种选择,其截面分别为圆环形和矩形,如图 5-10 所示。永磁体形状的不同造成了电机转子硅钢片形状的不同,两种电机拓扑感应电动势对比如图 5-11 所示。可以看出,当采用矩形截面永磁体时,感应电动势幅值稍高于相应的圆环形截面永磁体的,同时考虑到永磁加工的容易程度,本电机采用矩形永磁体。

根据以上优化设计,本书得到了一台功率为 1 kW 的 FFMSCW – PMVM 参数,如表 5-2 所示,并依此制作了实验样机。

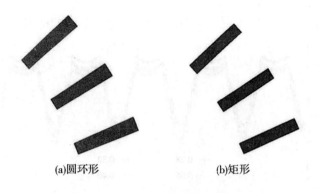

(a)圆环形   (b)矩形

图 5-10 两种不同永磁截面形状排布

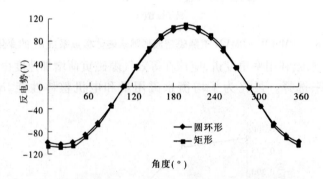

图 5-11 FFMSCW – PMVM A 相感应电动势随不同永磁形状变化

表 5-2 24/19/5 FFMSCW – PMVM 样机最终参数

定子参数			
定子硅钢片材料	DW360 – 50	相邻定子夹角(°)	5
定子外径(mm)	182	调制极宽(°)	9
定子内径(mm)	24	相邻调制极间槽宽(°)	7
定子齿宽(mm)	8	轴向长度 L_s(mm)	65
每槽面积(mm²)	808	气隙长度(mm)	0.5
每相绕组槽面积(mm²)	3 240	绕组并绕数	4
绕组匝数	60	槽满率	0.50
转子参数			
转子硅钢片材料	DW360	永磁体材料	N38SH
转子外径(mm)	217	永磁体厚度(mm)	3
转子内径(mm)	183	永磁体径向长度(mm)	16.5

图 5-12 和图 5-13 为样机具体设计尺寸与电机部件加工图片。

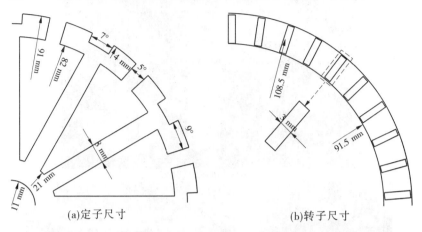

(a)定子尺寸

(b)转子尺寸

图 5-12　样机具体设计尺寸

(a)定子叠片

(b)定子下线

(c)转子

(d)端盖

图 5-13　电机部件加工图片

(e)电机所有部件

(f)电机装配后   (g)整机

续图 5-13

5.3　FFMSCW－PMVM 电磁性能计算

　　FFMSCW－PMVM 负载运行时,其气隙磁场由永磁磁场和电枢反应磁场共同作用产生,为清晰阐述其磁场调制,需要对其空载永磁磁场、电枢反应磁场以及负载磁场分别进行分析。

5.3.1　空载磁场及负载磁场

5.3.1.1　空载磁场

　　图 5-14 给出了 FFMSCW－PMVM 空载时磁场分布,可以看出,由调制极引起的气隙磁导变化对转子永磁磁场的调制作用,使得气隙磁密包含一系列空间谐波,从而造成定子电枢绕组极对数与转子永磁体极对数并不相同,即实现了磁场增速效应,对应的气隙径向磁密波形如图 5-15 所示。

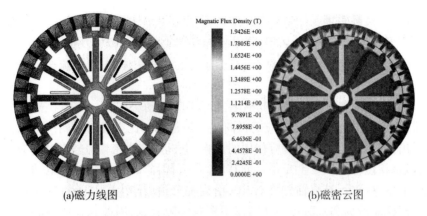

(a)磁力线图   (b)磁密云图

图 5-14   FFMSCW－PMVM 空载时磁场分布

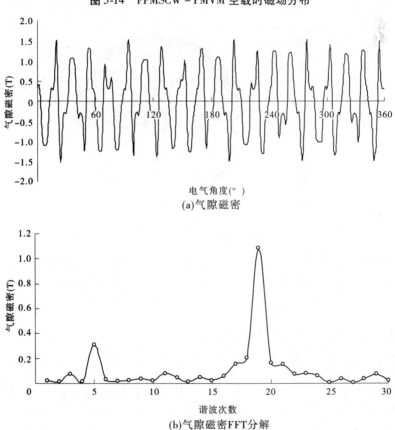

(a)气隙磁密

(b)气隙磁密FFT分解

图 5-15   FFMSCW－PMVM 空载时气隙径向磁密及其傅里叶分解

5.3.1.2 负载磁场

本书主要分析了 $i_d = 0$ 和 $i_q = 0$ 两种模式下的负载磁场分布情况:

(1)$i_d = 0$,施加额定电枢电流与感应电动势同相位,电枢电流全部为有功功率。

图 5-16 给出了施加额定电枢电流与感应电动势同相位时电机磁场分布情况,图 5-17 给出了与之对应的径向气隙磁密。对比空载时径向气隙磁密可以看出,由于受定子电枢反应作用的影响,电机气隙磁密幅值较空载时有所增大,但是相位基本未发生变化。究其原因,可解释如下:当施加与电动势同相位的电枢电流后,其直轴分量 $i_d = 0$,由交轴分量 i_q 产生的与永磁磁场相垂直的电枢反应磁场和永磁磁场共同作用形成气隙磁场,因此其合成气隙磁密幅值增大。

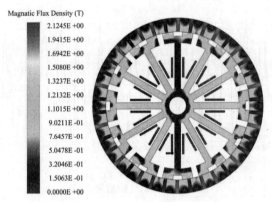

图 5-16   电压电流同相位时 FFMSCW – PMVM 磁场分布

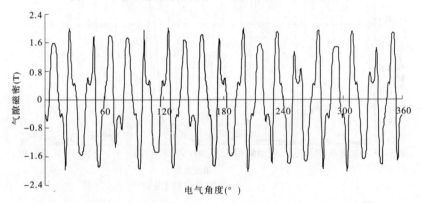

图 5-17   电压电流同相位时 FFMSCW – PMVM 的径向气隙磁密分布

（2）$i_q = 0$，施加与感应电动势相位差为$90°$的额定电枢电流。

施加与感应电动势相位差为$90°$的额定电枢电流，即交轴电流分量$i_q = 0$，电枢电流全部用于实现增磁或去磁作用。图 5-18 和图 5-19 分别给出了电枢电流i和感应电动势相位差为$±90°$时磁场分布和气隙磁密，此时包含两种情况：①增磁状态，此时电枢电流超前感应电动势$90°$；②去磁状态，此时电枢电流滞后感应电动势$90°$。可以看出，电机在增磁和去磁两种状态下气隙磁场分布相似，但气隙磁密幅值有较大差别。需要指出的是，额定状态下电枢电流产生的增磁效果不如去磁效果明显。

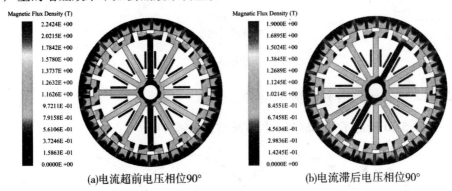

(a)电流超前电压相位90°　　　　　　　(b)电流滞后电压相位90°

图 5-18　电枢电流和感应电动势相位差为$90°$时 FFMSCW–PMVM 负载磁场分布

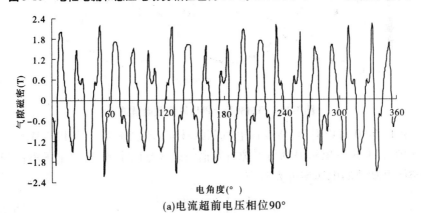

电角度(°)

(a)电流超前电压相位90°

图 5-19　电枢电流和感应电动势相位差为$±90°$时 FFMSCW–PMVM 气隙磁密

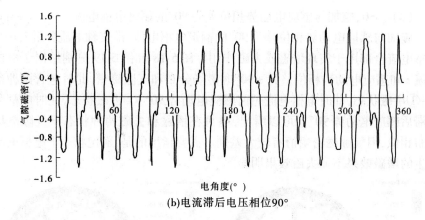

(b)电流滞后电压相位90°

续图 5-19

5.3.2 空载磁链和感应电动势

图 5-20 给出了 FFMSCW – PMVM 空载磁链波形。

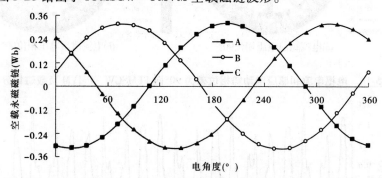

图 5-20 FFMSCW – PMVM 空载磁链波形

由图 5-20 可以看出,所设计电机空载磁链正弦度较高。由 PMVM 磁场调制原理可知,定子电枢磁场与气隙有效谐波磁场是同步的,所以定子电枢绕组中感应电动势的电频率可表示为

$$f = \frac{p_{vw} \cdot n_s}{60} = \frac{p_{vm} \cdot n_r}{60} \qquad (5\text{-}21)$$

式中:n_s 为定子电枢磁场旋转速度;n_r 为转子旋转速度。

由式(5-21)可见,虽然电机的定子电枢磁场旋转速度与转子转速并不相同,但是定子绕组中感应电动势电频率的计算表达式仍与传统电机相同。

对于电机感应电动势,可表示如下:

$$e = -\frac{\partial \Phi}{\partial t} = -\frac{\partial}{\partial t}\oint_{\Gamma} A \cdot dl \qquad (5\text{-}22)$$

由式(5-22)及图 5-20,可得到该电机额定转速时空载感应电动势,如图 5-21 所示。该电机相空载感应电动势幅值为 108.6 V,而且三相波形对称且为正弦。感应电动势谐波频谱分解如图 5-22 所示,可以看出,空载感应电动势基波幅值为 106.8 V,其余次谐波幅值较小。

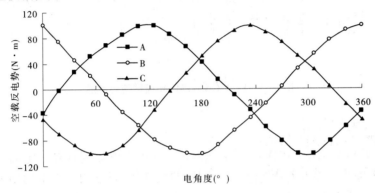

图 5-21　FFMSCW – PMVM 空载感应电动势

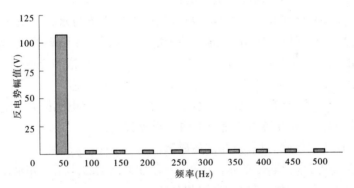

图 5-22　FFMSCW – PMVM 空载感应电动势谐波频谱分解

5.3.3　齿槽转矩

齿槽转矩是由于定子齿槽交替导致气隙磁阻变化引起的,它是永磁电机中必然存在的一个特性。定位力矩的大小是衡量永磁电机性能的重要指标之一,它会影响电机启动性能,并会造成转矩脉动。图 5-23 为 FFMSCW – PMVM 齿槽转矩波形,可以看出,电机的齿槽转矩电周期为 30°,与式(4-8)计算结果一致。

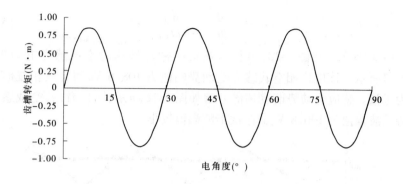

图 5-23　FFMSCW – PMVM 齿槽转矩波形

5.3.4　电感计算

对于 FFMSCW – PMVM 来说,Spoke – array 永磁排列具有一定的凸极效应,转子位置对绕组电感变化有一定的影响,所以,需要对一个电周期内的绕组电感进行计算,同时,电枢反应磁场对绕组电感变化的影响也需要考虑。因此,需要计算两种不同情况下电感值:

（1）永磁体和电枢绕组共同励磁。当电枢磁动势与永磁体磁动势相位相同时,电枢磁场起增磁作用,磁路更趋于饱和,会使电感下降;当电枢磁动势与永磁体磁动势相位相反时,电枢磁场起去磁作用,磁路饱和程度下降,会使电感增大。这两种情况下所得到的绕组电感称为饱和电感。

（2）电枢绕组通额定电流后励磁,此时得到的绕组电感称为不饱和电感。

电机的自感和互感可通过以下两个步骤获得:

（1）仅永磁励磁,计算三相永磁磁链。

（2）三相电枢绕组通过,永磁体和三相绕组共同励磁,计算三相永磁磁链。

以 A 相绕组为例,对应的自感和互感如下:

$$L_\text{A} = \frac{\Psi_\text{AA} - \Psi_\text{PMA}}{i_\text{A}} \tag{5-23}$$

$$M_{i\text{A}} = \frac{\Psi_{i\text{A}} - \Psi_{\text{PM}i}}{i_\text{A}} \tag{5-24}$$

图 5-24 所示为施加额定电枢电流时,A 相自感和 A、B 相间互感随转子位置变化示意图。利用有限元法计算得到电机 A 相自感约为 27.6 mH,A、B 相互感约为 4.1 mH,互感值远低于自感值。

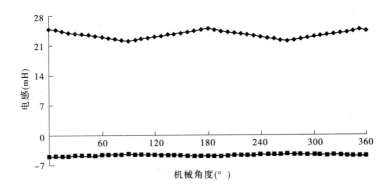

图 5-24　施加 + 10 A 电流时 FFMSCW – PMVM 自感和互感

5.3.5　静态转矩

静态转矩特性是永磁电机最为重要的特性之一,电机静态输出转矩可写为

$$T_{e} = T_{pm} + T_{r} = \frac{3}{2}p_{vr}\left[i_{q}\psi_{m} + (L_{d} - L_{q})i_{d}i_{q}\right] \qquad (5\text{-}25)$$

式中:T_{pm} 和 T_{r} 分别为永磁转矩和磁阻转矩;L_{d} 和 L_{q} 分别为定子 d 轴和 q 轴电感。

由式(5-25)可以看出,电机输出转矩由永磁转矩和磁阻转矩两部分组成。对于 FFMSCW – PMVM 来说,转矩表达式中第二项磁阻转矩 T_{r} 为正,这也解释了同尺寸 PMVM 转矩密度高于传统 PMSM 的原因。图 5-25 为电机励磁电流为 10.6 A 时的输出转矩。可以看出,电机输出转矩为 60.8 N·m,且电机

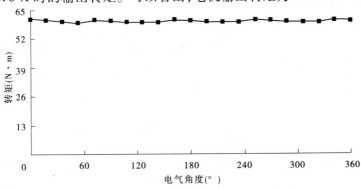

图 5-25　FFMSCW – PMVM 静态输出转矩

转矩脉动较小。

图 5-26 所示为加载不同的电枢电流,得到的电机平均电磁转矩随电流的变化。可以看出,当电流小于额定值时,电磁转矩随电流基本呈线性增加。当电流过大时,尤其当电流大于 1.5 倍额定电流时,电机铁芯饱和程度受电枢磁场影响较为明显,电磁转矩不再呈线性增加,说明所设计电机过载能力不强,这也是 FSCW – PMSM 的一个主要弊病。

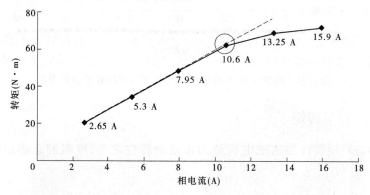

图 5-26　FFMSCW – PMVM 平均电磁转矩随电流的变化

5.3.6　电机外特性

通过建立 24/19/5 FFMSCW – PMVM 做发电运行时的场路耦合模型,并施加对称三相电阻负载,可以得到该电机输出相电压随负载电流的变化情况,如图 5-27 所示。可以看出,由于改善的磁路结构和优化的电机设计,当电机负

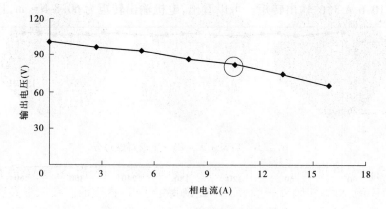

图 5-27　FFMSCW – PMVM 外特性

载电流达到额定值 10.6 A 时,计算得到的输出电压为 78.8 V,此时电压调整率为 19.8%,优于文献[91]中 PMVM 的 38.6%。

5.4 FFMSCW – PMVM 热校核

5.4.1 温度场的求解域模型

为了验证电机设计的合理性,现进行热校核。为了精确计算电机热场分布,在建立求解域模型时,构建了三相电枢绕组端部,图 5-28 为 FFMSCW – PMVM 温度场求解域模型。

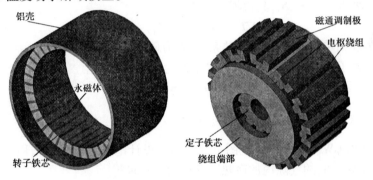

图 5-28 FFMSCW – PMVM 温度场求解域模型

与此对应的 FFMSCW – PMVM 求解域边界如图 5-29 所示。

图 5-29 FFMSCW – PMVM 求解域边界

由图 5-29 可以看出,S_1、S_2 分别为电机铝壳外、内表面,S_3、S_4 是转子铁芯外、内表面,S_5 为转轴外表面,S_6、S_7 分别为定子外、内表面。在三维温度场计算中,为了简化分析,做如下的假设[156]:

(1)铜的导热系数远大于绝缘材料的导热系数,因此定子绕组的热阻忽略不计。

（2）电机的温度沿圆周方向对称分布，认为电机在圆周方向的冷却条件相同。

（3）电机的杂散损耗集中于定转子齿顶。

5.4.2 温度场的求解方程和边界条件

电机在额定负载运行时，电机求解域内三维稳态热传导方程如下[157]：

$$\frac{\partial}{\partial x}\left(\lambda_x \frac{\partial T}{\partial x}\right) + \frac{\partial}{\partial y}\left(\lambda_y \frac{\partial T}{\partial y}\right) + \frac{\partial}{\partial z}\left(\lambda_z \frac{\partial T}{\partial z}\right) = -q \tag{5-26}$$

式中：T 为温度；λ_x、λ_y、λ_z 为 x、y、z 三个方向上的热传导系数；q 为热源。

对于面 S_1、S_3、S_4、S_5，其边界条件为[158]

$$\lambda \nabla T \cdot i + \alpha(T - T_r) = 0 \tag{5-27}$$

式中：i 为表面单位向量；α 为散热系数；T_r 为环境温度。

对于转子铁芯内表面 S_2，其边界条件为

$$\lambda \nabla T \cdot i = 0 \tag{5-28}$$

5.4.3 散热系数的确定

由 FFMSCW – PMVM 装配图可以看出所设计电机是全封闭结构，当转子旋转时，定转子间的气隙内的散热系数可由下式求得[159]：

$$Nu = \frac{\alpha_1 D_{eq}}{2\lambda} = 0.23\beta \left(\frac{D_{eq}}{D_2}\right)^{0.25} Re^{0.5} \tag{5-29}$$

式中：α_1 为气隙内的散热系数；D_{eq} 为气隙的等效直径；λ 为空气的热传导系数；β 为考虑表面粗糙度的经验系数；D_2 为转子直径；Re 为雷诺数，且 $Re = \mu_\varphi D_{eq}/\upsilon$，$\mu_\varphi$ 为转子圆周转速，υ 为空气的运动黏度。

电机运行时，转子铁芯和永磁的损耗以及通过气隙传递过来的由定子铁芯产生的铁耗、电枢绕组产生的铜耗，都是通过转子铁芯与机壳的结合面由机壳向外散出，书中假设转子外圆与机壳紧密结合在一起。其散热系数为[160]

$$\alpha_2 = 9.73 + 14v_1^{0.62} \tag{5-30}$$

式中：v_1 为机壳表面的风速。

转子铁芯端面与机内的空气产生热交换，根据实验结果，其端面的散热系数用下式计算[16]：

$$\alpha_3 = 15 + 6.5u_\varphi^{0.7} \tag{5-31}$$

定子铁芯端面与机内空气的接触部分与轴之间形成一段环形面积，环形面积的散热系数为[162]

$$\alpha_4 = Nu_r \lambda / (D_2/2) \tag{5-32}$$

式中:Nu_r 为定子铁芯端面的环形面积的努赛尔特常数,可表示为

$$Nu_r = 1.67 Re_r^{0.385} \tag{5-33}$$

式中,Re_r 可由下式计算:

$$Re_r = \frac{\pi n D_2^2}{120 \upsilon} \tag{5-34}$$

5.4.4 计算结果及分析

将样机在额定负载下运行的损耗计算值代入有限元温度场计算,可以得到电机稳态运行时的三维温度场分布,如图 5-30 所示,电机轴向长度较短,为了简化计算过程,忽略了风速在电机轴向上的变化,取而代之为平均值。

由图 5-30 可以得到以下结论:

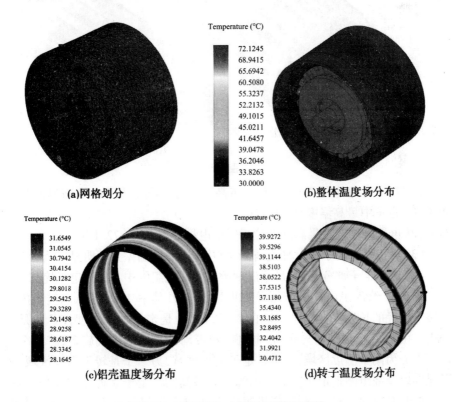

图 5-30　FFMSCW – PMVM 三维温度场

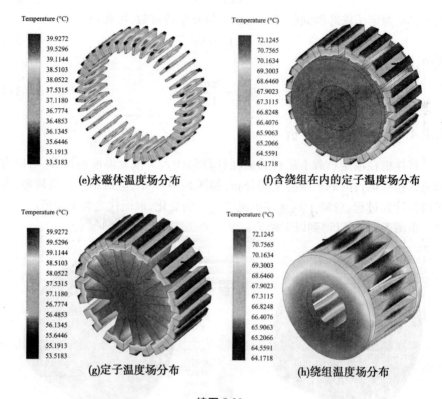

(e)永磁体温度场分布 (f)含绕组在内的定子温度场分布

(g)定子温度场分布 (h)绕组温度场分布

续图 5-30

（1）整个电机定子部分温度分布高于转子部分,转子中最高温度约为39.9 ℃,定子中最高温度是59.9 ℃。

（2）电机整体温度最高部分位于定子电枢绕组,达到72.1 ℃。

（3）对于外部转子部分来说,转子叠片和永磁体温差并不明显。

（4）对于定子部分来说,最高温度的位置在绕组的中心靠近定子轭部。

图 5-31 给出了电机沿半径方向的温度分布,其中 AB 段是从动转子内径到转子外径的长度,BC 段是气隙的长度,CD 段是定子槽的长度,DE 段是定子轭。由图 5-31 可以明显看出,电机旋转带动气隙中的空气旋转,将整个电动机中分为两个温度区域,一个是定子温度区域,另一个是转子温度区域,定子轭部以及绕组贴近定子轭部处的温度是最高的。定子靠近转子部分,相邻调制极开有较深的槽,有利于电机散热,因此调制极部分和转子靠近调制极部分温度都较低。

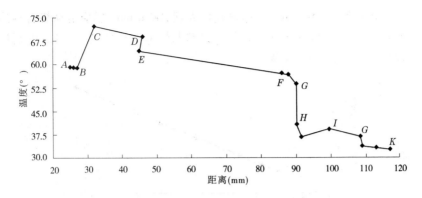

图 5-31　FFMSCW – PMVM 沿半径方向的温度分布

5.5　实验测试

5.5.1　空载测试

　　基于所设计的 24/19/5 FFMSCW – PMVM，搭建了实验测试平台，如图 5-32所示。以直流机作为原动机拖动所设计电机进行发电运行，首先测量样机在空载状态时的感应电动势，然后施加三相电阻负载，测试样机的外特性。

　　图 5-33 所示为在电机额定转速时空载感应电动势实验波形，相比于有限元计算结果，实测相空载感应电动势有效值约为 80.8 V，与有限元计算值相比，减小了 4.6%，该误差主要是由二维有限元仿真并未考虑电机端部漏磁，以及加工工艺误差等因素造成的。

图 5-32　FFMSCW – PMVM
样机测试平台

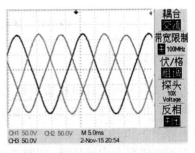

图 5-33　额定转速下样机实测
空载感应电动势

将样机转速从 60 r/min 开始逐渐增大到 200 r/min，感应电动势有效值随转子转速变化如图 5-34 所示。根据电动势与转速的比值计算，可以得到样机相永磁磁链实测值为 0.30 Wb。

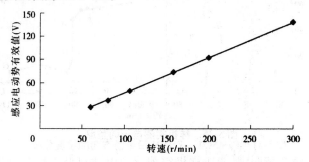

图 5-34　样机空载感应电动势有效值随转子转速变化

样机齿槽转矩实测值如图 5-35 所示。可以看出，样机实测齿槽转矩最大值约为 1.05 N·m，略大于有限元计算值。本书所设计的电机齿槽转矩与电磁转矩比值为 1.9%，小于相应的表贴式 PMVM 比值 2.2%[91]，综合齿槽转矩及电磁转矩来看，所设计电机性能优于后者。

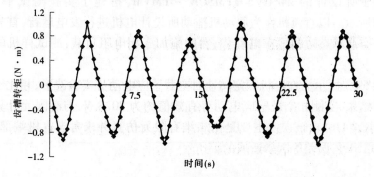

图 5-35　样机齿槽转矩实测值

5.5.2　外特性测试

为测试本书所设计电机带负载工作效果，保持转子转速 158 r/min 不变，通过调节三相电阻性负载，进行了相应的外特性测试，样机发电运行时的电压调整率如图 5-36 所示。

由于电机存在内抗压降，实测的端电压均随负载电流的增加而下降，与有限元仿真相比，电机在额定负载时误差在 4.8% 左右，该差距主要由于二维计

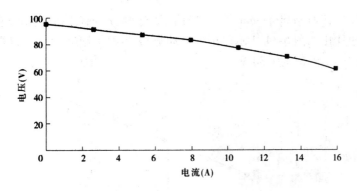

图 5-36　样机实测电压调整率

算没有考虑电机端部漏磁,造成样机空载感应电动势低于仿真设计值。当端电流为 10.6 A 时,实测端电压约为 74.8 V,此时电压调整率约为 24.6% 。实测相自感平均值约为 21.7 mH,与有限元计算值基本吻合。此时,若忽略机械和杂散损耗,可得样机转矩传递能力(按有效部分计算)高达 18.8 kN·m/m³,传统径向 PMSM 相比(自然风冷状态下转矩密度为 10 ~ 12 kN·m/m³),可以看出本书设计电机较后者要高很多。

5.6　功率因数提升方法的仿真分析

PMVM 普遍存在功率因数不高的现象[57,58,90,91],影响和制约了其工业应用。针对该问题,已有学者提出一些建设性意见,但针对 MSCW – PMVM,现有文献并未有见报道。这里,从电机拓扑结构和绕组连接两方面,提出两种可以提高集中绕组多齿分裂极 PMVM 功率因数的措施。

5.6.1　双定子结构

双定子结构已经被证明是一种能够有效提高 PMVM 功率因数的措施[73]。为了缩短电机绕组端部,同时进一步提升输出转矩和转矩密度,本书提出了一种双定子 FFMSCW – PMVM,电机拓扑结构及特定角度偏移如图 5-37 所示。

由图 5-37 可以看出,电机内、外定子电枢绕组均采用集中绕组形式,同时将内、外定子在空间上错开一个极距角,可以缩短主磁通磁路减小漏磁通,从而有效提高电机功率因数。极距角 α 表示为

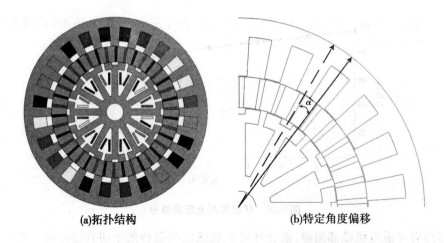

(a)拓扑结构　　　　　　　　　　(b)特定角度偏移

图 5-37　双定子 FFMSCW – PMVM 拓扑结构及特定角度偏移

$$\alpha = \frac{180°}{T_{\mathrm{FMPs}}} \tag{5-35}$$

由图 5-38 所示电机磁密云图可以看出,电机内、外定子调制极配合构成电机主磁路,这种特殊的设计大大降低了永磁体漏磁,可以有效地提高气隙磁密,此时电机功率因数为 0.78,较之前单定子结构的功率因数 0.55,有非常大的提升。但是,在电机功率及尺寸不大情况下,受限于加工工艺,双定子电机结构及绕组接线过于复杂。

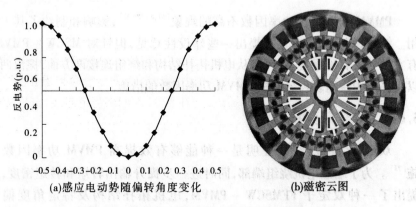

(a)感应电动势随偏转角度变化　　　　　　(b)磁密云图

图 5-38　双定子 FFMSCW – PMVM 电机特性

5.6.2　多层绕组

多层绕组配置,已经被证明是一种降低 PMSM 谐波[163-165]和减小转矩脉动的有效手段,能够增加电机的电磁转矩。基于此原理,对现有绕组配置进行改进,采用四层绕组连接,如图5-39所示。

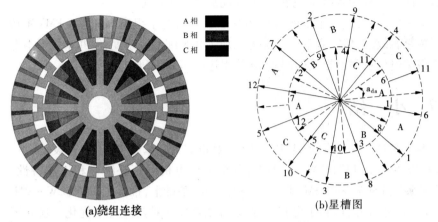

(a)绕组连接　　　　　　　(b)星槽图

图5-39　四层绕组配置及其星槽图

由图5-39可以看出,绕组分布基于槽星形电动势最大原则,在现有电动势星形图外层延伸6个相同的相带区域,然后错开一个槽电动势偏移角 α_{da}。四层绕组电机绕组系数可由下式求得:

$$k_{vw4} = k_{vw} \cdot \cos \frac{\alpha_{da}}{2} \tag{5-36}$$

其中, α_{da} 可由下式求得:

$$\alpha_{da} = \frac{360°}{N_s} \tag{5-37}$$

由式(5-43)和式(5-44)可得四层绕组配置时绕组系数为0.901,此时电机输出转矩要优于双层绕组输出转矩,如图5-40所示。可以看出,在不改变总的绕组匝数的情况下,将双层绕组连接变换为四层绕组连接,电机功率因数

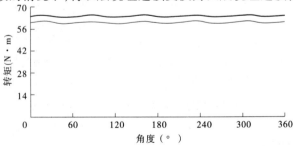

图5-40　不同绕组连接时输出转矩对比

达到 0.58，较之前双层绕组的 0.55 有所提升。但从图 5-40 也可以看出，四层绕组连接复杂度高于双层绕组，且在实际嵌线时由于工艺等限制，四层绕组总匝数可能小于双层绕组总匝数，电机性能提升并不明显。

综上可以看出，双定子电机拓扑及多层绕组对于提高 MSCW – PMVM 功率因数是有效的，但二者都会增加电机加工和装配的复杂度，但并未从根本上解决该类电机功率因数低的问题，还值得进一步深入研究。

5.7　小　结

本章在第 3 章分析的 24/19/5 组合聚磁式 MG 基础上，提出和设计了一种 24/19/5 组合 FFMSCW – PMVM，分析了该电机的拓扑结构和工作特性。在借鉴传统 FSCW – PMSM 设计和优化方法的基础上，推导了 FFMSCW – PM-VM 功率尺寸方程，得到了电机的主要尺寸参数并对其进行了优化。建立了电机的有限元分析模型，对其磁场分布、气隙磁密、空载永磁磁链、空载感应电动势、绕组电感、齿槽转矩，以及电磁转矩等电磁特性进行了计算和分析，并对电机进行了热校核。制造了样机并搭建了实验平台，分别进行了空载和负载实验，实验结果与理论计算吻合较好。最后针对 FSCW – PMVM 普遍存在功率因数较低的问题，提出了改善电机功率因数的方法和措施。

第6章 总结与展望

6.1 工作与创新点

在深入研究聚磁式磁齿轮(MG)、磁齿轮电机(MGM)和分数槽集中绕组永磁游标电机(FSCW – PMVM)基础上,提出了一种具有高转矩密度的聚磁式多齿分裂极集中绕组 PMVM(FFMSCW – PMVM),分析研究此类电机的一般设计方法与原则。以此为基础,探索该类型电机与传统 FSCW – PMSM 之间的电磁相似性联系,提出了 MSCW – PMVM 的"PMSM 源电机"概念。对 PMSM 源电机的不平衡磁拉力(UMP)进行了解析计算,并分析了电机参数对它的影响。此外,针对 MSCW – PMVM 该类电机功率因数不高的缺点,提出了改善方法,为其应用于直驱风力发电奠定了一定基础。本书主要完成的工作有:

(1)总结了近年来具有代表性的高转矩密度永磁风力发电机拓扑结构,综述了目前 MGM 和 PMVM 国内外的研究现状和进展。首次从族群的角度给出了 MG、MGM 和 PMVM 的磁场调制工作原理统一表述,并给出了三者之间相互转换时需满足的条件,丰富了磁场调制电机的理论基础。

(2)在总结现有 MG 拓扑结构的基础上,提出一种高转矩密度混合永磁聚磁式 MG。作为本书研究工作的基础,对现有的 MG 结构进行系统的分析研究、归纳总结,提出了高转矩密度 MG 设计理念和方法。区别于传统 MG 设计时多采用内、外转子旋转,中间调磁环固定和内外转子统一永磁材料的方式,本书采用外定子、旋转内转子和调磁环方式,提出了一种聚磁式混合永磁MG,对其进行了参数优化和矩角特性分析,并提出了评价 MG 传动比设计优劣的方法。

(3)通过对具有相同定子齿数的 FSCW – PMSM 和 MSCW – PMVM 进行空载磁场分布、绕组连接、感应电动势,以及齿槽转矩等电磁相似性分析和对比,提出了 MSCW – PMVM 的"PMSM 源电机"的概念,从而在设计和分析MSCW – PMVM 电磁性能时,可以通过研究其源电机的性能来加以快速预测。推导了空载状态下多对极径向充磁外转子源电机 UMP 的解析表达式,并与有限元计算结果进行了对比,分析了电机主要参数对 UMP 的影响。

(4)基于所设计的 24/19/5 组合聚磁式 MG,设计并优化了一种 24/19/5 组合 FFMSCW – PMVM。该电机外转子采用 Spoke – array 永磁排列方式,能够带来明显的聚磁效应,增强气隙磁密,定子齿上均布调制极,产生磁通调制作用,定子槽内绕三相集中绕组,结构简单可靠。给出了该电机定子、转子结构选择的依据,推导了 FFMSCW – PMVM 主要尺寸参数并对其进行了优化。建立了电机的有限元分析模型,对其磁场分布、气隙磁密、空载永磁磁链、空载感应电动势、绕组电感、齿槽转矩,以及电磁转矩等电磁特性进行了计算和分析,并进行了热校核。搭建了实验平台,分别进行了空载和负载实验,实验结果验证了理论和仿真分析的正确性。最后针对 MSCW – PMVM 这一类电机普遍存在功率因数较低的问题,提出了改善其功率因数的方法,并进行了仿真验证。

本书主要的创新点如下:

(1)从族群的角度给出了 MG、MGM 和 PMVM 三者的磁场调制统一表述,并详细给出了三者之间相互转换条件及过程,丰富了磁场调制电机的理论。

(2)提出了一种聚磁式混合永磁 MG,在能够有效降低成本的同时拥有较高转矩密度。它给出了高转矩密度聚磁式磁齿轮设计理念和方法,提出了评价 MG 传动比设计优劣的传动比因子法。

(3)揭示了具有相同定子齿数的 FSCW – PMSM 和 MSCW – PMVM 的电磁特性相似性,提出了 MSCW – PMVM 的"PMSM 源电机"的概念,为快速设计和分析该类电机提供了理论依据。

(4)提出了一种 FFMSCW – PMVM,推导了其主要尺寸关系式,采用有限元法进行了电磁设计。制作了样机并搭建了实验系统,分别进行了空载和负载实验,验证了理论和仿真分析的正确性。提出了改善 MSCW – PMVM 这一类电机功率因数的方法。

6.2　工作展望

通过一段时间的努力,本书的研究工作取得了一些阶段性的成果,为后续研究打下了一定基础,但是由于笔者水平有限,仍有不少工作值得进一步探讨和研究,主要包括以下几个方面:

(1)PMVM 损耗模型的建立。由于 PMVM 电机基于磁场调制原理工作,其磁场分布不同于传统的 PMSM,特别是磁场调制作用使得一部分转子基波磁场在定子极靴处短路,导致定子极靴处磁密较大,而且采用 Spoke – array 永磁排列时,在转子外壳处也存在一定程度的极间漏磁,所以有必要建立 PMVM 电机的损耗模型,对于此类电机的损耗分析及效率提升具有重要意义。

(2)探索 PMVM 转矩密度最优化设计。本书分析研究的 FFMSCW – PM-VM 拓扑结构采用多齿分裂极结构,调制极在接近转子处有一定漏磁,有必要研究在消除或减少漏磁的同时实现电机转矩密度最大化设计,从而提高该类电机的转矩性能。

(3)新型 PMVM 拓扑结构探索。与现有的表贴式 PMVM 相比,本书所提 FFMSCW – PMVM 采用聚磁设计,能够有效提升电机的转矩密度,但也加大了转子加工和装配的难度。现有文献已经提出了横向磁通 MG,如何将现有 PM-VM 通过拓扑变换进而发挥横向磁通电机的优点,也值得研究。

(4)PMVM 电动运行及其控制策略的研究。PMVM 具有较优的转矩输出能力,适用于低速直驱电动汽车场合,本书并未涉及电机做电动运行,也未对控制策略进行研究,后续可展开相关研究。此外,PMVM 最初被设计用于高精度场合应用,研究其作为步进电机在航空航天等高精度场合应用也具有较强的实际意义。

参 考 文 献

[1] P. Meisen. Linking renewable energy resources: a compelling, global strategy for sustainable development[J]. IEEE Power Engineering Review, 1998, 18(8): 16-18.

[2] I. Capellán-Pérez, M. Mediavilla, C. Castro, et al. Fossil fuel depletion and socio-economic scenarios: an integrated approach[J]. Energy, 2014, 77(2): 641-666.

[3] A. J. Morrison. Global demand projections for renewable energy resources[C]. Proceedings of Electrical Power Conference, 2007: 537-542.

[4] H. Li, Z. Chen. Overview of different wind generator systems and their comparisons[J]. IET Renewable Power Generation, 2008, 2(2): 123-138.

[5] 2015 年世界风能报告[R]. 世界风能协会, 2015.

[6] 赵炜, 李涛. 国外风力发电机的现状及前景展望[J]. 电力需求侧管理, 2009, 11(2): 77-80.

[7] 徐雨森. 技术追赶背景下的中外技术学习及竞争博弈——以我国大型风力发电机制造产业为例[J]. 预测, 2011, 30(4): 1-7.

[8] 唐任远. 现代永磁电机理论与设计[M]. 北京: 机械工业出版社, 2000.

[9] 王秀和. 永磁电机[M]. 2 版. 北京: 中国电力出版社, 2011.

[10] 高剑. 直驱永磁风力发电机设计关键技术及应用研究[D]. 长沙: 湖南大学, 2013.

[11] 花为, 程明, D. Howe. 新型磁通切换型双凸极永磁电机的静态特性研究[J]. 中国电机工程学报, 2006, 26(13): 129-134.

[12] W. M. Arshad, T. Backstrom, C. Sadarangani. Analytical design and analysis procedure for a transverse flux machine[C]. Proceedings of IEEE International Electric Machines and Drives Conference, 2001: 115-121.

[13] 张东, 邹国棠, 江建中, 等. 新型外转子磁齿轮复合电机的设计与研究[J]. 中国电机工程学报, 2008, 28(30): 67-72.

[14] K. T. Chau, D. Zhang, J. Z. Jiang, et al. Design of a magnetic-geared outer-rotor permanent-magnet brushless motor for electric vehicles[J]. IEEE Transactions on Magnctics, 2007, 43(6): 2504-2506.

[15] Chau K T, Jian L N, Zhang J Z. An integrated magnetic-geared permanent-magnet in-wheel motor drive for electric vehicles[C]. Proceedings of IEEE Vehicle Power and Propulsion Conference, 2008: 1-6.

[16] L. N. Jian, K. T. Chau, J. Z. Jiang. A magnetic-geared outer-rotor permanent-magnet brushless machine for wind power generation[J]. IEEE Transactions on Industry Applica-

tion, 2009, 45(3): 954-962.

[17] W. N. Fu, S. L. Ho. A quantitative comparative analysis of a novel flux-modulated permanent-magnet motor for low-speed drive[J]. IEEE Transaction on Magnetics, 2010, 46 (1): 127-134.

[18] 王利利. 磁场调制型永磁齿轮与低速电机的研究[D]. 杭州: 浙江大学, 2012.

[19] D. J. Rhodes. Assessment of vernier motor design using generalized machine concepts [J]. IEEE Transactions on Power Apparatus and Systems, 1977, 96(4): 1346-1352.

[20] A. Toba, T. A. Lipo. Generic torque-maximizing design methodology of surface permanent-magnet vernier machine[J]. IEEE Transactions on Industry Applications, 2000, 36 (6): 1539-1546.

[21] C. T. Liu, H. Y. Chung, C. C. Hwang. Design assessments of a magnetic-geared double-rotor permanent magnet generator[J]. IEEE Transactions on Magnetics, 2014, 50 (1): 4001004.

[22] J. G. Li, K. T. Chau, J. Jiang, et al. A new efficient permanent-magnet vernier machine for wind power generation[J]. IEEE Transactions on Magnetics, 2010, 46(6): 1475-1478.

[23] J. G. Li, J. H. Wang, Z. G. Zhao, et al. Analytical analysis and implementation of a low-speed high-torque permanent magnet vernier in-wheel motor for electric vehicle[J]. Journal of Applied Physics, 2012, 111(7): 07E727.1-07E727.3.

[24] L. N. Jian, K. T. Chau, D. Zhang, et al. A magnetic-geared outer-rotor permanent-magnet brushless machine for wind power generation[J]. Proceedings of IEEE Industry Applications Annual Conference, 2007, 45(3): 573-580.

[25] 杜世勤. 新型磁齿轮复合电机的设计研究[D]. 上海: 上海大学, 2010.

[26] 蒋一诚, 刘国海, 赵文祥, 等. 新型磁齿轮复合电机的设计与分析[J]. 微电机, 2014, 47(3): 24-28.

[27] W. L. Li, K. T. Chau. Complex-conjugate control of linear magnetic-geared permanent-magnet machine for Archimedes wave swing based power generation[C]. Proceedings of IEEE Industrial Electronics Society Annual Conference, 2015: 001133-001138.

[28] L. L. Wang, J. X. Shen, P. C. K. Luk, et al. Development of a magnetic-geared permanent-magnet brushless motor[J]. IEEE Transactions on Magnetics, 2009, 45(10): 4578-4581.

[29] 沈建新, 王利利. 磁场调制型永磁电机的设计和实验[J]. 电工技术学报, 2013, 28 (11): 28-34.

[30] C. H. Liu, K. T. Chau, Z. Zhang. Novel design of double-stator single-rotor magnetic-geared machines[J]. IEEE Transactions on Magnetics, 2012, 48(11): 4180-4183.

[31] C. H. Liu, K. T. Chau, C. Qiu. Design and analysis of a new magnetic-geared memory

machine[J]. IEEE Transactions on Applied Superconductivity, 2014, 24(3):0503005.

[32] L. N. Jian, G. Xu, Y. Gong, et al. Electromagnetic design and analysis of a novel magnetic-gear-integrated wind power generator using time-stepping finite element method[J]. Electromagnetics Research, 2011, 113(1):351-367.

[33] L. N. Jian, W. S. Gong, G. Q. Xu, et al. Integrated magnetic-geared machine with sandwiched armature stator for low-speed large-torque applications[J]. IEEE Transactions on Magnetics, 2012,48(11): 4184-4187.

[34] S. L. Ho, S. X. Niu, W. N. Fu. Transient Analysis of a magnetic gear integrated brushless permanent magnet machine using circuit-field-motion coupled time-stepping finite element method[J]. IEEE Transactions on Magnetics, 2010, 46(6): 2074-2077.

[35] S. X. Niu, S. L. Ho, W. N. Fu. Performance analysis of a novel magnetic-geared tubular linear permanent magnet machine[J]. IEEE Transactions on Magnetics, 2011, 47(10): 3598-3602.

[36] S. L. Ho, Q. S. Wang, S. X. Niu,et al. A novel magnetic-geared tubular linear machine with Halbach permanent-magnet arrays for tidal energy conversion[J]. IEEE Transactions on Magnetics, 2015, 51(11): 8113604.

[37] 包广清, 刘美钧. 一种新型永磁直线磁齿轮复合发电机的设计[J]. 电机与控制应用, 2016, 43(3): 8-14.

[38] 包广清, 刘美钧. 圆筒型永磁直线磁齿轮复合发电机的设计[J]. 微特电机, 2016, 44(1): 1-5.

[39] 韩学栋. 电动汽车用新型永磁复合轮毂电机控制系统研究[D]. 南京: 东南大学, 2012.

[40] Y. Fan, L. Zhang, J. Huang,et al. Design, analysis, and sensorless control of a self-decelerating permanent-magnet in-wheel motor[J]. IEEE Transactions on Industrial Electronics, 2014, 61(10): 5788-5797.

[41] 左中峰. 一种新结构低速永磁电机的设计与性能的仿真研究[D]. 北京: 北京交通大学, 2013.

[42] H. J. Liu, Y. Hao, Z. Y. Zhang, et al. Performance comparative analysis of flux-modulated PM machine with two topologies for low-speed drive[J]. International Review of Electrical Engineering, 2015, 10(3): 344-351.

[43] S. Gerber, R. J. Wang. Torque capability comparison of two magnetically geared PM machine topologies[C]. Proceeding of IEEE International Conference on Industrial Technology, 2013: 1915-1920.

[44] S. Gerber, R. J. Wang. Analysis of the End-Effects in Magnetic Gears and Magnetically Geared Machines[C]. Proceeding of International Conference on Electrical Machines, 2014, 20(3): 213-220.

［45］S. Gerber, R. J. Wang. Design and evaluation of a magnetically geared PM machine［J］. IEEE Transactions on Magnetics, 2015, 51(8): 8107010.

［46］陈栋，王敏，易靓，等. 磁齿轮复合永磁电机综述［J］. 电机与控制应用, 2015, 42(3): 1-6.

［47］陈栋，易靓，刘细平，等. Halbach 磁齿轮传动永磁同步电机分析研究［J］. 微特电机, 2014, 42(5): 26-29.

［48］黄松柏. Halbach 阵列共轴磁齿轮电机的有限元分析［J］. 微特电机, 2016, 44(3): 32-35.

［49］C. T. Liu, H. Y. Chung, C. C. Hwang. Design, assessments of a magnetic-geared double-rotor permanent magnet generator［J］. IEEE Transactions on Magnetics, 2014, 50(1): 4001004.

［50］C. T. Liu, K. Y. Hung, C. C. Hwang. Developments of an efficient analytical scheme for optimal composition designs of tubular linear magnetic-geared machines［J］. IEEE Transactions on Magnetics, 2016, 52(7): 8202404.

［51］C. T. Liu, K. Y. Hung, C. C. Hwang. Developments of an efficient analytical scheme for optimal composition designs of tubular linear magnetic-geared machines［J］. IEEE Transactions on Magnetics, 2016, 52(7): 8202404.

［52］S. Mezani, T. Hamiti, L. Belguerras, et al. Magnetically geared induction machines［J］. IEEE Transactions on Magnetics, 2015, 51(11): 8111404.

［53］X. X. Zhang, X. Liu, Z. Chen. A novel coaxial magnetic gear and its integration with permanent-magnet brushless motor［J］. IEEE Transactions on Magnetics, 2016, 52(7): 8203304.

［54］H. Lee. Vernier motor and its design［J］. IEEE Transaction on Power Apparatus and Systems, 1963, 82(66): 343-349.

［55］K. Mukherji, A. Tustin. Vernier reluctance motor［J］. Institution of Electrical Engineers, 1974, 121(9): 965-974.

［56］A. Ishizaki, T. Tanaka, K. Takasaki, et al. Theory and optimum design of PM vernier motor［C］. Proceedings of the International Conference on Electrical Machines and Drives, 1995: 208-212.

［57］A. Toba, T. A. Lipo. Generic torque-maximizing design methodology of permanent magnet vernier machine［C］. Proceedings of the International Conference on Electric Machines and Drives, 1999: 522-524.

［58］B. Kim, T. A. Lipo. Operation and design principles of a PM vernier motor［C］. Proceedings of IEEE Energy Conversion Congress and Exposition, 2013: 5034-5041.

［59］B. Kim, T. A. Lipo. Analysis of a PM vernier motor with spoke structure［C］. Proceedings of IEEE Energy Conversion Congress and Exposition, 2014: 2358-2365.

[60] B. Kim, T. A. Lipo. Analysis of a PM vernier motor with spoke structure[J]. IEEE Transactions on Industry Applications, 2016, 52(1): 217-225.

[61] B. Kim, T. A. Lipo. Design of a surface PM vernier motor for a practical variable speed application[C]. Proceedings of IEEE Energy Conversion Congress and Exposition, 2015: 776-783.

[62] D. Howe, Z. Q. Zhu. Instantaneous magnetic field distribution in brushless permanent magnet dc motors, Part III: effect of stator slotting[J]. IEEE Transactions on Magnetics, 1993, 29(1): 143-151.

[63] Z. Q. Zhu, D. J. Evans. Optimal torque matching of a magnetic gear within a permanent magnet machine[C] Proceedings of International Electric Machines and Drives, 2011: 1004-1009.

[64] C. H. Liu, K. T. Chau, Z. Zhang. Novel design of double-stator single-rotor magnetic-geared machines [J]. IEEE Transactions on Magnetics, 2012, 48(11): 4180-4183.

[65] Z. Q. Zhu, D. Evans. Overview of recent advances in innovative electrical machines-with particular reference to magnetically geared switched flux machines[C]. Proceedings of International Conference on Electrical Machines and Systems, 2014: 1-10.

[66] F. Zhao, T. A. Lipo, B. Kwona. A novel dual-stator axial-flux spoke-type permanent magnet vernier machine for direct-drive applications[J]. IEEE Transactions on Magnetics, 2014, 50(11): 8104304.

[67] M. S. Kim, F. Zhao, B. Kwona, T. A. Lipo. Design and analysis of an axial-flux PM vernier machine for auto-focusing systems[C]. Proceedings of 2015 International Conference on Electrical Machines and Systems, 2015: 1792-1796.

[68] T. J. Zou, R. H. Qu, J. Li, et al. A consequent pole, dual rotor, axial flux vernier permanent magnet machine [C]. Proceedings of International Conference on Ecological Vehicles and Renewable Energies, 2015: 1-9.

[69] R. H. Qu, D. W. Li, J. Wang. Relationship between magnetic gears and vernier machines[C]. Proceedings of International Conference on Electric Machines and Systems, 2011: 1-6.

[70] D. W. Li, R. H. Qu, J. Li. Topologies and analysis of flux-modulation machines[C]. Proceedings of IEEE Energy Conversion Congress and Exposition, 2015: 2153-2160.

[71] D. W. Li, R. H. Qu. Sinusoidal back-EMF of vernier permanent magnet machines[C]. Proceedings of International Conference on Electrical Machines and Systems, 2012: 1-6.

[72] D. W. Li, R. H. Qu, J. Li, et al. Analysis of torque capability and quality in vernier permanent magnet machines [C]. Proceedings of International Conference on Electrical Machines and Systems, 2014: 3620-3626.

[73] D. W. Li, R. H. Qu, J. Li, et al. Design of consequent pole, toroidal winding, outer

rotor vernier permanent magnet machines[C]. Proceedings of IEEE Energy Conversion Congress and Exposition, 2014:2342-2349.

[74] D. W. Li, R. H. Qu, J. Li, et al. Consequent-pole toroidal-winding outer-rotor vernier permanent-magnet machines[J]. IEEE Transactions on Industry Applications, 2015, 51 (6): 4470-4481.

[75] 郭思源, 周理兵, 曲荣海, 等. 基于精确子域模型的游标永磁电机解析磁场计算 [J]. 中国电机工程学报, 2013, 33(30): 71-80.

[76] D. W. Li, R. H. Qu, Z. Zhu. Comparison of Halbach and dual-side veriner permanent magnet machines[J]. IEEE Transactions on Magnetics, 2014, 50(2):7019804.

[77] D. W. Li, R. H. Qu, T. A. Lipo. High power factor vernier permanent magnet machines[J]. IEEE Transactions on Industrial Application, 2014, 49(5): 3364-3674.

[78] D. W. Li, R. H. Qu, W. Xu, et al. Design procedure of dual-stator spoke-array vernier permanent-magnet machines[J]. IEEE Transactions on Industry Applications, 2015, 51 (4): 2972-2982.

[79] D. W. Li, R. H. Qu, J. Li, et al. Analysis of torque capability and quality in vernier permanent-magnet machines[J]. IEEE Transactions on Industry Applications, 2016, 52 (1): 125-134.

[80] L. L. Wu, R. H. Qu, D. W. Li, et al. Influence of pole ratio and winding pole numbers on performance and optimal design parameters of surface permanent-magnet vernier machines[J]. IEEE Transactions on Industry Applications, 2015, 51(5): 3707-3715.

[81] S. F. Jia, R. H. Qu, J. Li. Analysis of the power factor of stator dc-excited vernier reluctance machines[J]. IEEE Transactions on Magnetics, 2015, 51(11): 8207704.

[82] X. L. Li, K. T. Chau, M. Cheng, et al. An improved coaxial magnetic gear using flux focusing[C]. Proceedings of International Conference on Electrical Machines and Systems, 2011: 1-4.

[83] X. L. Li, K. T. Chau, M. Cheng, et al. A new coaxial magnetic gear using stationary permanent magnet ring[C]. Proceedings of International Conference on Electrical Machines and Systems, 2013: 634-638.

[84] 李祥林, 程明, 邹国棠, 等. 聚磁式场调制永磁风力发电机工作原理与静态特性 [J]. 电工技术学报, 2014, 29(11): 1-9.

[85] X. L. Li, K. T. Chau, M. Cheng. Analysis, design and experimental verification of a field-modulated permanent-magnet machine for direct-drive wind turbines[J]. IET Electric Power Applications, 2015,2(9): 150-159.

[86] X. L. Li, K. T. Chau, M. Cheng. Comparative analysis and experimental verification of an effective permanent-magnet vernier machine[J]. IEEE Transactions on Magnetics, 2015, 51(7): 1-9.

[87] 朱洒, 程明, 李祥林, 等. 新型外转子低速直驱永磁游标电机的损耗[J]. 电工技术学报, 2015, 30(2): 14-20.

[88] 李祥林, 程明, 邹国棠. 聚磁式场调制永磁风力发电机输出特性改善的研究[J]. 中国电机工程学报, 2015, 35(16): 4198-4206.

[89] A. Toba, T. A. Lipo. Novel dual-excitation permanent magnet vernier machine[C]. Proceedings of the IEEE Industry Applications Conference, 1999: 2539-2544.

[90] J. G. Li, K. T. Chau, W. Li. Harmonic analysis and comparison of permanent magnet vernier and magnetic-geared machines[J]. IEEE Transactions on Magnetics, 2011, 47(10): 3649-3652.

[91] J. G. Li, K. T. Chau. Performance and cost comparison of permanent-magnet vernier machines[J]. IEEE Transactions on Applied Superconductivity, 2012, 22(3): 5202304.

[92] C. H. Liu, J. Zhong, K. T. Chau. A novel flux-controllable vernier permanent-magnet machine[J]. IEEE Transactions on Magnetic, 2011, 47(10): 4238-4241.

[93] G. Xu, L. Jian, W. Gong, et al. Quantitative comparison of flux-modulated permanent magnet machines with distributed windings and concentrated windings[J]. Progress in Electromagnetics Research, 2012, 129(9): 109-123.

[94] S. X. Niu, S. L. Ho, W. N. Design and comparison of vernier permanent magnet machines[J]. IEEE Transactions on Magnetics, 2011, 47(11): 3280-3283.

[95] R. Ishikawa, K. Sato, S. Shimomura, et al. Design of in-wheel permanent magnet vernier machine to reduce the armature current density[C]. Proceedings of 2013 International Conference on Electrical Machines and Systems, 2013: 459-463.

[96] C. H. Liu, K. T. Chau, J. Z. Jiang, et al. Design of a new outer-rotor permanent magnet hybrid machine for wind power generation [J]. IEEE Transactions on Magnetics, 2008, 44(6): 1494-1497.

[97] C. H. Liu, K. T. Chau, J. Z. Jiang. A permanent-magnet hybrid brushless integrated starter-generator for hybrid electric vehicles[J]. IEEE Transactions on Industrial Electronics, 2010, 57(12): 4055-4064.

[98] X. Y. Zhu, Y. B. Sun, Q. Li, et al. A novel magnetic-geared doubly salient permanent magnet machine for low-speed high-torque applications[C]. Proceedings of IEEE International Conference on Electrical Machines and Systems, 2011: 1-4.

[99] S. X. Niu, S. L. Ho, W. N. Fu. A novel direct-drive dual-structure permanent magnet machine[J]. IEEE Transactions on Magnetics, 2010, 46(6): 2036-2039.

[100] S. X. Niu, S. L. Ho, W. N. Fu, et al. Quantitative comparison of novel vernier permanent magnet machines[J]. IEEE Transactions on Magnetics, 2010, 46(6): 2032-2035.

[101] F. Zhao, T. A. Lipo, B. Kwona. Dual-stator interior permanent magnet vernier machine having torque density and power factor improvement[J]. Electric Power Components and Systems, 2014, 42(3): 1717-1726.

[102] J. G. Li, K. T. Chau. Design and analysis of a HTS vernier PM machine[J]. IEEE Transactions on Applied Superconductivity, 2010, 20(3): 1055-1059.

[103] Y. T. Gao, R. H. Qu, J. Li, et al. HTS vernier machine for direct-drive wind power generation[J]. IEEE Transactions on Applied Superconductivity, 2014, 24(5): 5202905.

[104] C. H. Liu, K. T. Chau, J. Zhong, et al. Quantitative comparison of double-stator permanent magnet vernier machines with and without HTS bulks[J]. IEEE Transactions on Applied Superconductivity, 2012, 22(3): 5202405.

[105] H. Yang, H. Y. Lin, Z. Q. Zhu, et al. Novel flux-regulatable dual-magnet vernier memory machines for electric vehicle propulsion[J]. IEEE Transactions on Applied Superconductivity, 2014, 24(5): 0601205.

[106] 葛叶明, 朱孝勇, 陈龙. 电动汽车用定子永磁型磁通记忆式游标电机性能分析[J]. 电机与控制应用, 2014, 41(4): 45-51.

[107] G. H. Liu, J. Q. Yang, W. X. Zhao, et al. Design and analysis of a new fault-tolerant permanent-magnet vernier machine for electric vehicles[J]. IEEE Transactions on Magnetics, 2012, 48(11): 4176-4179.

[108] J. Q. Yang, G. H. Liu, W. X. Zhao, et al. Quantitative comparison for fractional-slot concentrated-winding configurations of permanent magnet vernier machines[J]. IEEE Transactions on Magnetics, 2013, 49(7): 3826-3829.

[109] M. A. Mueller, N. J. Baker. Modeling the performance of the vernier hybrid machine [J]. IEEE Proceedings Electric Power Applications, 2003, 150(6): 647-654.

[110] E. Spooner, L. Haydock. Vernier hybrid machines[J]. IEE Proceedings Electric Power Applications, 2003, 150(6): 655-662.

[111] P. R. Brooking, M. A. Mueller. Power conditioning of the output from a linear vernier hybrid permanent magnet generator for use in direct drive wave energy converters[J]. IEEE Proceedings Generation, Transmission and Distribution, 2005, 152(2): 673-681.

[112] Y. Du, K. T. Chau, M. Cheng, et al. Design and analysis of linear stator permanent magnet vernier machines[J]. IEEE Transactions on Magnetics, 2011, 47(10): 4219-4222.

[113] Y. Du, K. T. Chau, M. Cheng, et al. A linear stator permanent magnet vernier HTS machine for wave energy conversion[J]. IEEE Transactions on Magnetics, 2012, 22 (3): 5202505.

[114] 杜怿, 程明, 邹国棠. 初级永磁型游标直线电机设计与静态特性分析[J]. 电工技

术学报, 2012, 27(11): 22-30.

[115] J. H. Ji, W. X. Zhao, Z. Y. Fang, et al. A novel linear permanent-magnet vernier machine with improved force performance[J]. IEEE Transactions on Magnetics, 2015, 51(8): 8106710.

[116] W. Li, K. T. Chau. Simulation of a linear permanent magnet vernier machine for direct-drive wave power generation[C]. Proceedings of IEEE International Conference on Electrical Machines and Systems, 2011: 1-6.

[117] S. Shimomura, M. Fujieda, K. Hoshino. Studies to decrease cogging force and pulsating thrust in the prototype linear permanent magnet vernier motor[C]. Proceedings of IEEE International Conference on Electrical Machines and Systems, 2014: 3417-3422.

[118] T. Imada, S. Shimomura. Magnet arrangement of linear PM vernier machine[C]. Proceedings of International Conference on Electrical Machines and Systems, 2014: 3642-3647.

[119] W. Frank, H. A. Toliyat. Analysis of the concentric planetary magnetic gear with strengthened stator and interior permanent magnetic inner rotor[J]. IEEE Transactions on Industry Applications, 2011, 47(4): 1652-1660.

[120] V. Acharya, J. Bird; C. Matthew. A flux focusing axial magnetic gear[J]. IEEE Transactions on Magnetics, 2013, 49(7): 4092-4095.

[121] K. Uppalapati, B. Walter, J. Bird, et al. Experimental evaluation of low-speed flux-focusing magnetic gearboxes [J]. IEEE Transactions on Industry Applications, 2014, 50(6): 3637-3643

[122] W. Bomela, J. Bird, V Acharya. The performance of a transverse flux magnetic gear [J]. IEEE Transactions on Magnetics, 2014, 50(50): 1-4.

[123] K. Atallah, D. Howe. A novel high-performance magnetic gear[J]. IEEE Transactions on Magnetics, 2001, 37(4): 2844-2846.

[124] 杜世勤, 江建中, 章跃进, 等. 一种磁性齿轮传动装置[J]. 电工技术学报, 2010, 25(9): 41-46.

[125] 葛研军, 辛强, 聂重阳. 磁场调制式永磁齿轮结构参数与转矩关系[J]. 机械传动, 2012, 36(4): 5-10.

[126] L. Jian, K. T. Chau, Y. Gong, et al. Comparison of coaxial magnetic gears with different topologies[J]. IEEE Transactions on Magnetics, 2009, 45(10): 4526-4529.

[127] 陈洁琳. 用于海洋能发电的磁性齿轮设计与性能分析[D]. 南京: 东南大学, 2015.

[128] L. N. Jian, K. T. Chau. A coaxial magnetic gear with Halbach permanent-magnet arrays[J]. IEEE Transactions on Energy Conversion, 2010, 25(2): 319-328.

[129] 杨超君, 李直腾, 李志宝. 高性能磁力齿轮传动扭矩与效率的数值计算[J]. 中国

电机工程学报，2011，31(32)：107-114.

[130] 葛研军，辛强，聂重阳. 磁场调制式永磁齿轮结构参数与转矩关系[J]. 机械传动，2012，36(4)：5-13.

[131] Dawei Li，Ronghai Qu，Jian Li. Topologies and analysis of flux-modulation machines [C]. Proceedings of IEEE Energy Conversion Congress and Exposition，2015：2153-2160.

[132] 张建涛，夏东. 永磁齿轮转矩特性研究[J]. 机械，2005(3)：3-5.

[133] X. H. Liu，K. T. Chau，J. Z. Jiang，et al. Design and analysis of interior-magnet outer-rotor concentric magnetic gears[J]. Journal of Applied Physics，2009，105(7)：07F101-07F103.

[134] D. May，J. A. Isaacs. Economic comparison of NdFeB and hard ferrites in automotive applications[J]. Materials & Manufacturing Processes，2004，4(4)：777-787.

[135] 彭科容，邢敬娓，李勇，等. 一种基于磁导调制原理的新型永磁齿轮的原理与试验研究[J]. 微特电机，2011，39(1)：29-31.

[136] K. Uppalapati，J. Bird，D. Jia，et al. Performance of a magnetic gear using ferrite magnets for low speed ocean power generation[C]. Proceedings of IEEE Energy Conversion Congress and Exposition，2012：3348-3355.

[137] 田杰，邓辉华，赵韩，等. 稀土永磁齿轮传动系统动态仿真研究[J]. 中国机械工程，2006，17(22)：2315-2318.

[138] K. Uppalapati，J. Bird，W. Bomela，et al. Construction of a low speed flux focusing magnetic gear[C]. Proceedings of IEEE Energy Conversion Congress and Exposition，2013：2178-2184.

[139] T. A. Lipo. Introduction to AC machine design[M]. Wisconsin Power Electronics Research Center，University of Wisconsin，2004.

[140] E. Gouda，S. Mezani，L. Baghli，et al. Comparative study between mechanical and magnetic planetary gears[J]. IEEE Transactions on Magnetics，2011，47(2)：439-450.

[141] 刘新华. 新型磁场调制式磁性齿轮的设计研究[D]. 上海：上海大学，2008.

[142] K. Uppalapati，J. Bird. A flux focusing ferrite magnetic gear[C]. Proceedings of IET International Conference on Power Electronics，Machines and Drives，2012：1-6.

[143] N. Niguchi，K. Hirata. Cogging torque analysis of magnetic gear[J]. IEEE Transactions on Industrial Electronics，2012，59(5)：2189-2197.

[144] W. N. Frank，H. A. Toliyat. Analysis of the concentric planetary magnetic gear with strengthened stator and interior permanent magnet inner rotor[J]. IEEE Transactions on Industry Applications，2011，47(4)：1652-1160.

[145] K. Atallah，S. D. Calverley，D. Howe. Design, analysis and realisation of a high-performance magnetic gear[J]. IEE Proceedings of Electric Power Applications，2004，151

（2）：135-143.

[146] W. N. Frank, H. A. Toliyat. Analysis of the concentric planetary magnetic gear with strengthened stator and interior permanent magnet inner rotor[J]. IEEE Transactions on Industry Applications, 2011, 47(4)：1652-1160.

[147] 潘玉玲. 分数槽集中绕组永磁同步电机电枢反应对永磁体影响分析[D]. 天津：天津大学, 2010.

[148] 莫会成, 田园园. 分数槽集中绕组永磁交流伺服电动机不平衡磁拉力分析[J]. 微电机, 2012, 45(9)：1-5.

[149] 徐飞鹏, 李铁才, 刘亚静. 一类高性能集中绕组永磁同步电动机的径向不平衡力[J]. 微特电机, 2010, (11)：1-3.

[150] M. M. Liwschitz. Distribution factors and pitch factors of the harmonics of a fractional-slot winding[J]. Electrical Engineering, 1943, 62(12)：926-927.

[151] Z. Q. Zhu, M. L. Mohd-Jamil, L. J. Wu. Influence of slot and pole number combinations on unbalanced magnetic force in permanent magnet machines with diametrically asymmetric windings[J]. IEEE Transactions on Industry Applications, 2013, 49(1)：19-30.

[152] Z. Q. Zhu, D. Howe, E. Bolte, et al. Instantaneous magnetic field distribution in brushless permanent magnet dc motors, parts III：effect of stator slotting[J]. IEEE Transactions on Magnetics, 1993, 29(1)：143-151.

[153] Z. Q. Zhu, D. Howe, E. Bolte, et al. Instantaneous magnetic field distribution in brushless permanent magnet dc motors, parts IV：open-circuit field[J]. IEEE Transactions on Magnetics, 1993, 29(1)：152-158.

[154] Z. Q. Zhu, D. Howe, C. C. Chan. Improved analytical model for predicting the magnetic field distribution in brushless permanent magnet machines[J]. IEEE Transactions on Magnetics, 2002, 38(1)：229-238.

[155] 董夏林. 分数槽集中绕组永磁电机研究[D]. 南京：东南大学, 2015.

[156] 丁树业, 葛云中, 孙兆琼, 等. 高海拔用风力发电机流体场与温度场的计算分析[J]. 中国电机工程学报, 2012, 32(24)：74-79.

[157] 魏永田, 孟大伟, 温嘉斌. 电机内热交换[M]. 北京：机械工业出版社, 1998.

[158] 吴海鹰. 大中型永磁电机温度场数值计算[D]. 武汉：华中科技大学, 2007.

[159] А. И. 鲍里先科, В. Г. 丹科, АИ. 亚科夫列夫. 电机中的空气动力学与热传递[M]. 魏书慈, 邱建甫, 译. 北京：机械工业出版社, 1985.

[160] 谢颖, 李伟力, 李守法. 感应电动机转子断条故障运行时定转子温度场数值计算与分析[J]. 电工技术学报, 2007, 22(3)：41-48.

[161] S. Mezani, N. Takorabet, B. Laporte. A combined electromagnetic and thermal analysis of induction motors[J]. IEEE Transactions on Magnetics, 2005, 41(5)：1572-1575.

[162] V. Hatziathanassiou, J. Xyptera, et al. Electrical-thermal coupled calculation of an a-synchronous machine[J]. Archiv fur Electrotechnik, 1994, 77(5): 117-122.

[163] M. V. Cistelecan, F. J. Ferreira, M. Popescu. Three phase tooth-concentrated multiple-layer fractional windings with low space harmonic content[C]. Proceedings of Energy Conversion Congress and Exposition, 2010: 1399-1405.

[164] L. Alberti, N. Bianchi. Theory and design of fractional-slot multilayer windings[J]. IEEE Transactions on Industry Applications, 2013, 49(2): 841-849.

[165] K. W. Ho, B. J. Nam, J. Sang, et al. A study on 4-layer hybrid winding layout of the IPMSM and location of the permanent magnets[C]. IEEE Conference on Electromagnetic Field Computation, 2010: 1-4.